力学中的哥德巴赫猜想
——受径向力圆环中应力计算与应用

孙以材　孟庆浩　汪　鹏　王　如　著

U0351621

北　京
冶金工业出版社
2014

内 容 提 要

本书的写作目的是攀登世界力学高峰——得到含义清晰又简练的理论计算公式，并绘制出与光测弹性力学试验相一致、示于封面的图案。本书从弹性力学基础出发，介绍了莫尔圆和最大切应力、Airy 双调和方程的建立和应力函数的概念以及方程的通解和特解。本书还对受径向力圆环进行了 X 射线分析。测定了受力圆环中的应力、应变，得到了不同晶向各向异性的应变的重要结果，又对各向异性的应变及刚度作了机理分析。最后介绍了力学中的有限元方法及受径向力圆环作为测力计的应用。

本书适合作为大学及同等学力力学专业的教材，也可供广大科技工作者和工程技术人员阅读、参考。

图书在版编目（CIP）数据

力学中的哥德巴赫猜想：受径向力圆环中应力计算与应用/孙以材等著 . —北京：冶金工业出版社，2012.8
（2014.3 重印）

ISBN 978-7-5024-5958-1

Ⅰ.①力… Ⅱ.①孙… Ⅲ.①径向应力—研究
Ⅳ.①O343

中国版本图书馆 CIP 数据核字（2012）第 166964 号

出 版 人　谭学余
地　　　址　北京北河沿大街嵩祝院北巷 39 号，邮编 100009
电　　　话　（010）64027926　电子信箱　yjcbs@ cnmip. com. cn
责任编辑　于昕蕾　美术编辑　李　新　版式设计　孙跃红
责任校对　王永欣　责任印制　牛晓波
ISBN 978-7-5024-5958-1

冶金工业出版社出版发行；各地新华书店经销；三河市双峰印刷装订有限公司印刷
2012 年 8 月第 1 版，2014 年 3 月第 2 次印刷
850mm×1168mm　1/32；7.5 印张；199 千字；224 页
28.00 元

冶金工业出版社投稿电话：（010）64027932　投稿信箱：**tougao@cnmip. com. cn**
冶金工业出版社发行部　电话：（010）64044283　传真：（010）64027893
冶金书店　地址：北京东四西大街 46 号（100010）　电话：（010）65289081（兼传真）
（本书如有印装质量问题，本社发行部负责退换）

前　　言

本书是作者历经近十年进行深入思索写成的。全书共 9 章，围绕一个目的和一个展望而展开，前 3 章是后几章的基础。各章是作为有机整体的一部分而独立撰写的。贯穿全书的纽带是得到受径向力圆环中的应力分布的公式。此问题百年来受到各国科学家的关注，但始终未得到一个简单又物理含义清晰的公式。这正是本书写作的目的。理论要由实验来检验，1946 年，伟大力学家 Frocht 已将这一实验成果公布于世，但并没有与实验配套的相应理论公式。只有一位科学家于 20 世纪末得到与光测弹性力学实验一致的理论的图案，但所得公式复杂。其余十多位各国科学家不仅所得公式复杂，而且未能得到与实验一致的理论的图案。由此看来，"受径向力圆环中的应力分布的公式"是百年来世界性的难题，因此作者借用数学上的难题"哥德巴赫猜想问题"冠名此书，不妥之处敬请专家和读者批评指正。

本书第 1 章是引子，介绍"受径向力圆环中的应力分布"有关科学家及其公式，阐述了力学中的"哥德巴赫猜想"的特点。第 2 章讲坐标变换，因为应力与应变都离不开坐标系，第 4 章和第 6 章中就有相关的内容。第 3 章讲格林定理的应用。因为格林定理在电学和力学问题中占有重要地位，而且电学和力学中许多问题相互联系，例如，前者有拉氏方程，后者有双调和方程，双调和方程又可转化变换成拉氏方程。第3章以较多篇幅涉及电学问题，以引起力学工作者注意。电学和力学中把能量与泛函相联系，泛函的变分即极小值问题便是能谷态做最小功问题，这与格林定理密切相关。于是电学中才能得到满足拉普拉斯或泊松方程及其各种边界条件的解，力学中可得到能谷态做最小功的实际真实应力解，从而满足正应力的周向约束条件。当然这是必要条件而不是充分条件。力学中的充分条件便是力和力矩平衡条件，第4章正是讨论这一问题。该章从弹性力学基础出发，重点放在平面应力场，介绍了莫尔圆和最大切应力及主应力，又介绍了Airy双调和方程的建立和应力函数的概念以及方程的通解和特解。这些都是经典问题，本书将其编入在内。Airy方程在受径向力圆环中的特解是本书作者得到的。但这一特解不满足由格林定理所推出的正应力的周向约束条件，因此不是实际真实应力解。第4章将这一特解作了改进后得到了受径向力圆环中的应力分布解，并证明满足正应力的周向约束条件和内、外壁边界条件以及力和力矩平衡条件。也就是说，既满足必要条件也满足充分条件，因此是实际真实应力解。同时，绘出了与光测弹性力学试验一致的等最大切应力条纹图案，说明理论与实际一致。本书的最终目的在第4章基本达

到。但我们并不仅仅停留于此，还对受径向力圆环进行了 X
射线分析。这不仅验证了理论，更重要的是有助于理论的发
展。随后，第 5 章介绍了 X 射线的产生、测试原理和衍射理
论、衍射方法。这一章是为力学工作者打物理基础的，篇幅
稍有扩大。其后，用 X 射线测定了各种薄膜的晶体结构和对
受径向力圆环进行了应力、应变的测定，得到了不同晶向各
向异性的应变的重要结果。第 6 章针对各向异性的应变作了
机理分析，解释多晶和单晶应变具有较大差别的原因、两者
刚度之间的关系，展示了不同晶向各向异性应变之间的坐标
变换。第 7 章是受径向力圆环作为测力计的应用，特别是在
轿车开门二限位器疲劳试验平台上的应用，验证了理论与实
际的一致性。本章中也对相关电路及单片机作了简单介绍。
作者对本书的核心问题感兴趣的起因也在于此，这一疲劳试
验平台已在相关生产厂家使用。第 8 章是力学中的有限元方
法的应用，得到了与理论一致的等最大切应力条纹图案。这
样，本书所示出的理论计算、有限元方法绘制的与 1946 年
Frocht 所测得的光测弹性力学实验图案三者一致。本章也介
绍了 Marc 软件在力学传感器中的应用，以引起读者兴趣。最
后，第 9 章是受多重对称性力的圆环中的应力计算。很少有
科学家涉及这一问题。因为解决此问题需要两把钥匙：其一
是能谷定理；其二是 Airy 方程适合圆环的特解。人们往往忽
视能谷定理，这样本章的重点是讲能谷定理在受力薄、厚圆

环中的应用，这将对力学产生深远的影响。

在此，向梁家昌、张志刚、孙钟林、牛文成、王化祥、王江、杨保和、於定华诸位教授对本书所得的核心公式和等最大切应力条纹图的肯定表示感谢。作者曾有幸聆听已故中国原子能之父、河北工业大学校友卢鹤绂先生的名言"物理学家追求以简单的语言或公式来表达复杂的物理现象"，此名言对作者产生深刻的影响，在此表示感谢。本书追求的就是这一目标。对曾有不同意见的专家教授也表示感谢，他们使事物总是不断从否定之否定，得到螺旋式的上升。

由于作者主要从事半导体工作，对力学理论了解肤浅，不妥之处在所难免，请广大读者批评指正。

作　者
2011 年 9 月

目　　录

1 │ 绪 论

1.1 数学中的"哥德巴赫猜想"

1.1.1 "哥德巴赫猜想"命题的由来

著名的"哥德巴赫猜想"为:"任何一个不小于 6 的偶数都可以写成两个奇素数(素数又叫质数)之和。"如 6 = 3 + 3,8 = 5 + 3,10 = 5 + 5,12 = 7 + 5 等,这个命题简称为"1 + 1"。1742 年德国数学家哥德巴赫,在给当时正在德国的瑞士数学家欧拉(1707 ~ 1783 年)的一封信中提到了这个猜想,请赫赫有名的大数学家欧拉帮忙证明。然而,欧拉直到死也没能证明它,从此它就成了一道世界难题,吸引了成千上万人的注意。

1.1.2 "哥德巴赫猜想"问题的历史进程

人们还根据"哥德巴赫猜想"原始命题,得到了一个推论:每个不小于 9 的奇数都是 3 个奇素数的和。例如,9 = 3 + 3 + 3,11 = 5 + 3 + 3,13 = 5 + 5 + 3,15 = 7 + 5 + 3。哥德巴赫猜想提出后,许多著名数学家把精力投入到攻克这个世界难题上来。可是整个 18 世纪、19 世纪都没有人能够证明它,也没有取得任何进展。直到进入 20 世纪,数学家们采取分步推进,先证明"任何一个不小于 6 的偶数都等于 1 个奇素数与 n 个奇素数积的和",简称为"1 + n",再逐步逼近"1 + 1"的策略后,才取得了一个又一个的进展。1920 年,挪威数学家布朗首先用"筛法"证明了 9 + 9。20 世纪 20 年代,英国著名数学家哈代等人提出用"圆法"来解决猜想。在此基础上,数学家维诺格拉陀夫于 1937 年用他创造的"三角和方法"基本上证明了哥德巴赫猜想的推论。因直接证明这一猜想困难重重,所以人们就先证明关于猜想的一个弱命题：每个大偶数可以表示为一个素因子个数不超过 a 的数和一个素因子个数不超过 b 的数之和，这个命题就记作 $a+b$，然后步步推进，最后证明 $1+1$ 的正确性。此后又经过许多数学家（包括中国的王元等人）的努力，到 1965 年，苏联的数学家又证明了 $1+3$。1966 年，中国数学家陈景润宣布他证明了 $1+2$，并于 1973 年发表了论文《大偶数表为一个素数与不超过两个素数乘积之和》，在国际数学界引起强烈反响，被认为是迄今为止最好的求证结果，国际上称为"陈氏定理"。我国数学家陈景润在这个问题的研究上居世界领先地位。但是，要想证明 $1+1$，摘取这颗数学皇冠上的明珠，还有许多路要走。

1.1.3　"哥德巴赫猜想"问题的特点

"哥德巴赫猜想"问题持续了近三个世纪，时间跨度很长。涉及的都是世界顶级科学家，共有十多位。虽然命题简单，但问题尚未彻底解决，可见攻克难度之大。所以科学上的许多难题试图与数学上的"哥德巴赫猜想"问题相提并论。

1.1.4　解决"哥德巴赫猜想"问题的意义

从哥德巴赫提出猜想到今天，吸引了世界上很多著名的数学家来研究它，取得了不少很好的成果。在论证"哥德巴赫猜想"的过程中，必须引进新的方法，研究新的规律，由此产生的研究方法，不仅对数论有广泛的应用，而且也可以用到不少其他数学分支中去，推动了整个数论和其他数学分支的发展。

哥德巴赫是在观察了一些具体式子的规律后，才提出"$1+1$"猜想的。这种由特殊事例归纳得出一般结论的推理方法叫做归纳法。归纳法是人们认识客观世界，发现客观规律的重要方法之一，有必要深入研究。目前函数或信号反演问题，是系统工程中经常遇见的问题。人们提出的许多解决办法或算法，例如穷举法、蒙特卡罗法、神经网络法、遗传算法、模拟退火算法、蚁群算法、量子粒子算法、归十算法，虽然是仿生与仿某种物理现象，但归根结蒂起源于归纳法。

1.2 力学中的"哥德巴赫猜想"——受径向力圆环中应力计算

数学中的哥德巴赫猜想有历史典故。争鸣跨越的时间长达 3 个世纪，命题之简单，涉及的科学家之多，攻克难度之大，备受世人之瞩目。同样，受力圆环（图 1-1）是最简单的机械零件，比螺钉还简单，但其应用却十分广泛。受径向力时圆环中应力计算之难，涉及的科学家之多，称得上是力

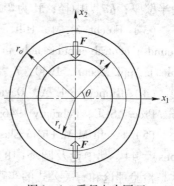

图 1-1 受径向力圆环

学中的哥德巴赫猜想。只不过无人提出这一命题。下面作一比较便可知。

1.2.1 跨越的时间长度

受径向力圆环中应力计算的研究跨越 20 ~ 21 世纪，长达 1 个世纪，见 1.2.2 节。加上涉及的理论或学科，如 Castigliano's theorem，平面应力场的 Airy 方程(Airy G. B. , Br. Assoc. Adv. Sci. Rep. , 1862) 要追溯到 19 世纪。

1.2.2 涉及的科学家及题目

具体如下：

（1）Timoshenko S. On the distribution of stress in a circular ring compressed by two forces along a diameter. Phil. Mag. , 1922, 44：1014.

（2）Timoshenko S. Strength of Material. Part 1 , Elementary, Third edition, 1955 (Van Norstrand Reinhold Company, New York), 380. 有周向应力经典公式，这一公式满足能量极小值原

理，但只适用于薄环：

$$\sigma_{\theta\theta}(\theta) = \pm\frac{3}{2}\frac{M(\theta)}{W\delta^2} = \pm\frac{3}{4}\frac{1}{W\delta^2}F \times Ra(\cos\theta - \frac{2}{\pi})$$

式中，$\sigma_{\theta\theta}$ 为内外壁上周向应力，θ 角见图 1 - 1；W 为环宽度；δ 为半壁厚；Ra 为中径；M 为弯矩；F 为径向力，见图 1 - 1。

（3）Frocht M M, Hill H N. Stress - concentration factors around a central circular hole in a plate loaded through pin in the hole. J. Appl. Mech. , 1940, 7, 5.

（4）Ripperger E A, David N. Critical stresses in a circular ring. Proc. ASCE, February 1946.

（5）Frocht M M. Photo Elasticity, V. 1, 1946（John Wiley & Sons），44。其中论及圆环中的最大切应力条纹光弹实验结果，这是检验理论和有关公式的实践的标准，但书中未提出环中相应应力计算公式。

（6）Roark R. Formulas for stress and strain, 1965（McGraw - Hill, London），333.

（7）Lurje A F. Theory of Elasticity（in Russian），1970（Nauka, Moscow）.

（8）Durelli A J, Lin Y H. Stresses and displacements on the boundaries of circular rings diametrically loaded. J. Appl, Mech. , 1986, 53, 213 ~ 219.

（9）Ma D. Elastic stress solution for a ring subjected to point - loaded compression. Int. J. Pre. Ves. & Piping, 1990, 42, 185 ~ 191.

（10）Ma D. Elastic stress solution for a ring subjected to point - loaded tension. Int. J. Pre. Ves. & Piping, 1991, 45, 199 ~ 205.

（11）Batista M, Usenik. Stresses in a circular ring under two forces acting along a diameter. J. Strain analysis, 1996, 31（1），75 ~ 78.

（12）Timoshenko S. Theory of Elasticity, 1934（McGraw - Hill Book Co. ），104.

（13）G B Airy，Br. Assoc. Adv. Sci. Rep. 1862.

（14）Hirth J P，Loth J. Theory of dislocations，1968（McGraw – Hill Book Co.），7.

（15）Hess M S. The End Problem for a Laminated Elastic Strip：I. The General Solution. J. Comp. Mat. 1969，3：262～280.

（16）Bradley F E. Development of an Airy stress function of general applicability in one，two，or three dimensions. J. Appl. Phys.，1990，67（1），225～226.

（17）Frocht M M. Photo Elasticity，V. 1，1946（John Wiley & Sons），44.

（18）Michell J H. 1899，Proc. London Math. Soc.，31，100.

（19）Timoshenko S，Goodier J N. Theory of Elasticity，1951（McGraw – Hill Book Co.），116.

1.2.3　涉及的力学原理

下面介绍涉及的力学原理，只写出相应公式，而不解释符号的物理意义，以节省篇幅。1.2.2节及书的最后有相应的参考文献供查阅。

（1）利用 Muskhelishvili 所提出的下列公式解出应力：

$$\sigma_r + \sigma_\theta = \frac{2}{b}[\varphi'(\zeta) + \overline{\varphi'(\zeta)}] = \frac{4}{b}\text{Re}\,[\varphi'(\zeta)]$$

$$\sigma_r - \sigma_\theta + 2i\tau_{r\theta} = \frac{2}{b}[\zeta\varphi'(\zeta) + \psi'(\zeta)]$$

（2）利用下列公式解出应力：

$$\sigma_{rr} + \sigma_{\theta\theta} = 4\text{Re}\phi(Z)$$

$$\sigma_{\theta\theta} - \sigma_{rr} + 2i\sigma_{r\theta} = 2[\phi'(Z) + \psi(Z)]e^{2i\theta}$$

（3）利用迭加原理和级数方法。

（4）利用平面应力场中的 Airy 方程：

$$\nabla^4 \Psi = \left(\frac{\partial^2}{\partial x_1^2} + \frac{\partial^2}{\partial x_2^2}\right)^2 \psi = 0$$

解出满足边界条件的应力解（参阅 4.4 节）。本书回顾了 Airy 方程的推导，介绍了 Airy 应力函数 Ψ 的定义并得到适合于受径向力圆环的正应力的解。值得注意的是满足 Airy 方程的解，这是高能解，但不满足能量极小值，因此系统不处于能谷态，故不是真正的实际正应力解。

（5）利用能谷原理和格林定理的方法（参阅 3.4.1 节）。只对实际真实正应力有能谷态：$\oint_l (\sigma_{rr} + \sigma_{\theta\theta}) \mathrm{d}\theta = 0$（这里 $\phi = \sigma_{\theta\theta} + \sigma_{rr}$ 不同于式 3 – 28 中 $\phi = \sigma'_{\theta\theta} + \sigma'_{rr}$。前者是真实应力，后者不是真实应力）及由格林定理 $\iint \nabla^2 \phi \mathrm{d}s = \oint \nabla \phi \boldsymbol{n} \mathrm{d}l$ 进一步得到

$$\iint \nabla^2 (\sigma_{\theta\theta} + \sigma_{rr}) \mathrm{d}s = \oint \frac{\partial}{\partial n} (\sigma_{\theta\theta} + \sigma_{rr}) \mathrm{d}l = 0 \quad \text{（见式 3 – 26 和式}$$

3 – 27）。

因为实际真实正应力要求系统处于能谷态而做最小功，所以上两式已成为检验任何方法所得到的应力解是否是实际真实正应力的判断标准。本书所得的下述核心公式（见 1.2.7.1 节）已被证明满足该标准，但这是必要条件，还必须满足充分条件，即满足力的宏观积分和微观微分平衡及弯矩平衡条件（参阅 4.4 节），也就是说这些核心公式是实际真实正应力。而且等最大切应力条纹符合光测弹性力学实验所得的结果。

1.2.4　计算公式的复杂性

具体如下：

（1）A. J. Durelli 和 Y. H. Lin 利用下式：

$$(\sigma_\theta)_i = - M_0 \frac{P}{\pi R_0 t} + \frac{P}{\pi R_0 t} (- M_2 \cos 2\theta^* + M_4 \cos 4\theta^* - $$
$$M_0 M_4 \cos 6\theta^* + \cdots)$$

$$(\sigma_\theta)_0 = \frac{M' P}{\pi R_0 t} - M'_0 \frac{P}{\pi R_0 t} + \frac{P}{\pi R_0 t} (M'_2 \cos 2\theta^* - $$
$$M'_4 \cos \theta^* + M'_6 \cos 6\theta^* - \cdots)$$

$$\theta^* = \pi/2 \text{ 或 } 3\pi/2 \text{ 时, } M' = 1$$
$$\theta^* \neq \pi/2 \text{ 或 } 3\pi/2 \text{ 时, } M' = 0 \text{ 和 } K = \frac{(\sigma_\theta)_0}{\dfrac{P}{\pi R_0 t}}$$

式中，$(\sigma_\theta)_i$ 为圆环内壁的应力值；$(\sigma_\theta)_0$ 为圆环外壁的应力值；R_0 和 t 分别为环的中径和宽度。计算得到内外半径比分别为 0 ~ 0.7 （图 1-2）和 0.7 ~ 0.923 （图 1-3）时内壁上以及内外半径比分别为 0.4 ~ 0.76 （图 1-4）和 0.76 ~ 0.92 （图 1-5）时外壁上 K 值与方位角 θ 的关系。值得一提的是该文中的 θ 角与本书的 θ 角两者互成补角，即两者之和为 $\pi/2$。因此无应变点是基本一致的，但本书中指明无应变点位置与壁厚有关（如图 1-8 ~ 图 1-13 所示），而前者与壁厚无关。这从图 1-2 ~ 图 1-5 看得很明显。且本书指出，无应变点即奇点在内外壁的歧化

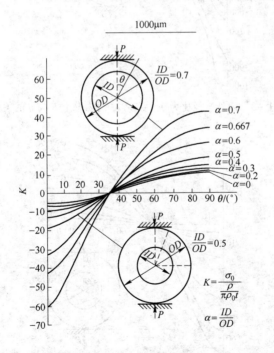

图 1-2 内外半径比为 0 ~ 0.7 时内壁上 K 与 θ 的关系

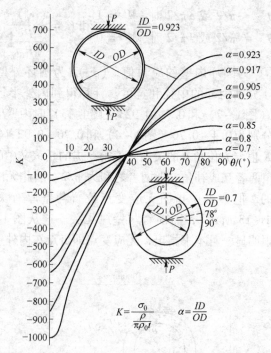

$$K=\dfrac{\sigma_0}{\dfrac{\rho}{\pi\rho_0 t}} \qquad \alpha=\dfrac{ID}{OD}$$

图 1-3　内外半径比为 0.7~0.923 时内壁上 K 与 θ 的关系

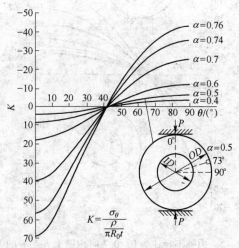

$$K=\dfrac{\sigma_\theta}{\dfrac{\rho}{\pi R_0 t}}$$

图 1-4　内外半径比为 0.4~0.76 时外壁上 K 与 θ 的关系

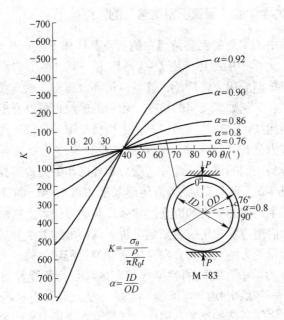

图 1-5 内外半径比为 0.76 ~ 0.92 时外壁上 K 与 θ 的关系

移动是环内存在附加压缩的一个证据。早在 1946 年 Frocht 在他的著名著作 *Photo Elasticity*（John Wiley & Sons 出版社）中已指明环内存在附加压缩。

（2）M. Batista 和 J. Usenik 引用 Muskhelishvili 所提出的公式，又采用级数方法，还增加了修正函数 $\varphi_1(\zeta)$ 和 $\psi_1(\zeta)$：

$$\varphi(\zeta) = \varphi_0(\zeta) + \varphi_1(\zeta)$$
$$\psi(\zeta) = \psi_0(\zeta) + \psi_1(\zeta)$$

（3）马德林解出应力为：

$$\begin{bmatrix} \sigma_{2rr} \\ \sigma_{2\theta\theta} \\ \sigma_{2r\theta} \end{bmatrix} = \frac{2P}{\pi R_2} \sum_{n=-\infty}^{\infty} X^{2n} \begin{bmatrix} 2(1-n)F_{2n}\cos 2n\theta - H_{2n}\cos 2(n+1)\theta \\ 2(1+n)F_{2n}\cos 2n\theta + H_{2n}\cos 2(n+1)\theta \\ 4nF_{2n}\sin 2n\theta + 2H_{2n}\sin 2(n+1)\theta \end{bmatrix}$$

1.2.5　力学中的"哥德巴赫猜想"的特点

力学中的"哥德巴赫猜想"的特点具体如下：

（1）力学中的圆环（图1-1）作为一个机械上的重要的零件虽然简单但应用非常广泛，链条，吊环，压辊，轴承套就是重要的例子。又例如，飞机的机舱，轮船的船舱也可以看成近似的圆环。再例如，火车的隧道，汽车上拱桥与圆环也很近似，研究其中的应力分布（第4章）对它们的设计有着重要的意义，所以广泛受到人们的重视。此外，受力圆环已作为力传感器广泛应用（参见7.1~7.4节）。当力传感器受力的时候，圆环的内外壁上会产生周向的应力和应变。如果在其适当位置上粘贴应变片的话，人们把应变片构成惠斯顿电桥。其信号的大小及其方向与圆环上所受的力的大小和方向及应变片位置密切相关。

（2）力学中有实验的判据标准。这就是光测弹性力学的实验条纹——等最大切应力条纹。这是一复杂而又有序不紊的图案，条纹之间不会相交叉。因此，任何刻意凑拼出的公式绝不可能复制出这一奇妙的图案。早在1946年由Frocht实验测得。图1-6、图1-7取自Frocht的"光测弹性力学"（1946），有中文版（科学出版社，1964）。另外，在内外壁的相应位置上有奇点。而且该书明确画出径向力的作用点就在外壁上，它不影响等最大切应力条纹的分布也不改变内外壁上无法向正应力和剪切应力这一边界约束条件。Frocht在其著作中示出了平面应变场中一系列重要公式，例如主应力、最大切应力以及莫尔圆等。几代力学科学家得益于此伟大的著作。本书多处引用其中许多公式，在此表示衷心的感谢和崇高的敬意，也感谢出版社John Wiley & Sons和中文版的译校者陈森和贾有权先生。可惜，Frocht在此著作中没有提出与他的光辉的实验结果相配套的圆环有关的应力理论计算公式。本书所追求的正是这一点。

（3）力学中有FEM模拟结果（图1-8、图1-9）。下面是圆环上顶端有点力时的FEM模拟结果（参见8.1节）。

图 1 – 6 光测弹性力学的实验条纹

($\alpha_i = 0.5$;"A、B、C、D、E、F、G、H"为奇点;16.75 为条纹数,此处受压)

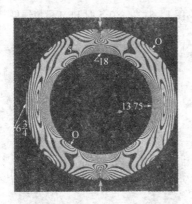

图 1 – 7 光测弹性力学的实验条纹

($\alpha_i = 0.7$;"O"为奇点;13.75 为条纹数,此处受压力;

18 为条纹数,此处受张力)

(4) 力学中 Batista 在 1996 年发表了他的论文(见 1.2.2 节中的第(8)项),其中有等最大切应力条纹图(见图 1 – 14)。

力学中 2008 年孙以材提出了与下文 1.2.7 节一样的环中的应力计算公式。另外,2010 年孙以材出版了他的著作《传感器非线性信号智能处理与融合》(冶金工业出版社),书的封面上

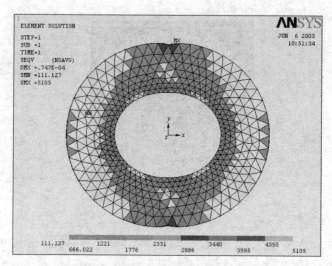

图 1 - 8 $\alpha_i = 0.5$ 时 FEM 模拟结果

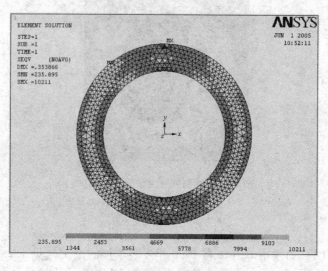

图 1 - 9 $\alpha_i = 0.7$ 时 FEM 模拟结果

展示了相应公式和圆环的等最大切应力彩色条纹图。但论述不完整,不全面,不系统。

1.2.6 两种计算的等最大切应力条纹图

1.2.6.1 本书利用所推导出的核心公式

本书利用所推导的核心公式具体如下（参阅 4.4 节）：

$$\sigma_{\theta\theta}(\alpha,\theta) = -\frac{1}{2}\frac{F}{Br_o}\left[g(\alpha)\left(\cos\theta - \frac{2}{\pi}\right) + \frac{B}{1-\alpha_i}\frac{2}{\pi}\right]$$

$$\sigma_{rr}(\alpha,\theta) = -\frac{1}{2}\frac{F}{Br_o}\left[h(\alpha)\left(\cos\theta - \frac{2}{\pi}\right)\right]$$

$$\sigma_{r\theta}(\alpha,\theta) = -\frac{1}{2}\frac{F}{Br_o}h(\alpha)\sin\theta$$

$$\tau_{\max}(\alpha,\theta) = \frac{1}{2}\sqrt{\left[\sigma_{\theta\theta}(\alpha,\theta) - \sigma_{rr}(\alpha,\theta)\right]^2 + 4\sigma_{r\theta}^2(\alpha,\theta)}$$

计算圆环内应力分布，又由等最大切应力 $\tau_{\max}$ 绘制出其条纹的分布图，如图 1-10 ~ 图 1-13 （右半部圆环 $|\theta| \leqslant \pi/2$）所示。

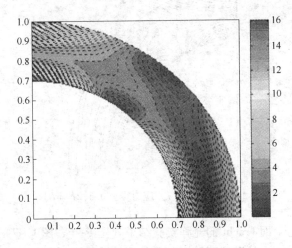

图 1-10 $\alpha_0 = 0.7$，应力步长 $0.6(2F/\pi R)$

图 1-13、图 1-14 使用更精细的数据，因此比图 1-10、图 1-11 彩色图更精确。所有条纹图在内外壁的相应位置上有奇

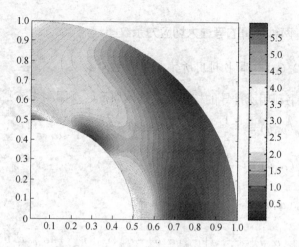

图 1 – 11　$\alpha_0 = 0.5$，应力步长 $0.2(2F/\pi R)$

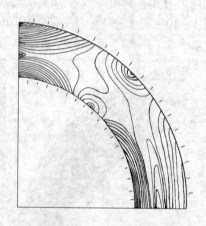

图 1 – 12　$\alpha_0 = 0.7$，应力步长 $0.6(2F/\pi R)$

点，这与上面 Frocht 的光弹实验结果（图 1 – 6、图 1 – 7）一致。而且奇点在内外壁位置随厚度的歧化移动是圆环中存在附加压力的一个证据。但所用公式简单，物理含义明确，不仅适用于薄环，而且适用于厚环。满足力和力矩的平衡条件，满足厚环中正应力能量极小值原理。还有满足内外壁上无法向正应力和剪切应

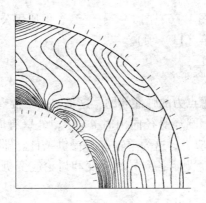

图 1 - 13　$\alpha_0 = 0.5$，应力步长 $0.2(2F/\pi R)$

力的边界条件。

1.2.6.2　Batista 得到的条纹图

Batista 得到的条纹图如图 1 - 14 所示。

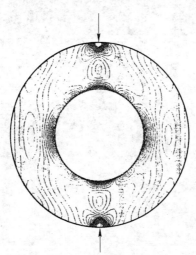

图 1 - 14　M. Batista 和 J. Usenik 所计算并绘制出的等最大切应力条纹图形

条纹图在内外壁的相应位置上有奇点，这与上面 Frocht 的光弹实验结果（图 1 - 6、图 1 - 7）一致，但所用公式较复杂（参考 1.2.2 节中第 (11) 项）。

1.2.7　今后的展望

本书未考虑点力的弹性问题，这是缺点。希望有关科技工作者解决此问题。圆环受径向力时 $\theta = 0°$，外壁有周向应力；$\theta = 50.4°$，无周向应力，这为单轴应力提供条件。即使圆环是多晶也可利用 X 射线测定各向异性应变和讨论应变机理（见 5.5 节和 6.2 节）。

2 | 固体的物质常数及物理量的坐标变换

2.1　固体中的坐标系

通常在固体中设置一原点 O，由原点架构三维空间三个坐标轴 x_1、x_2、x_3。如不讨论时间有关问题，则三维空间有三个坐标轴即可。

固体中有一点 P，从原点 O 到 P 点的矢径为 r (x_1, x_2, x_3)，把 P 点的某一物理量，例如电流密度 J 和电场强度 E 分别记为各自的分量 J_1、J_2、J_3 和 E_1、E_2、E_3，$J(P) = J(r)$，$E(P) = E(r)$，则明确表示 P 点或矢径为 r 处的电流密度和电场强度矢量及其分量。对于固体的某一物质量，例如电导率 σ_{ij} 是一张量：

$$\begin{pmatrix} \sigma_{11} & \sigma_{12} & \sigma_{13} \\ \sigma_{21} & \sigma_{22} & \sigma_{23} \\ \sigma_{31} & \sigma_{32} & \sigma_{33} \end{pmatrix}$$

对于金属导体来说，电导率 σ 是各向同性的。P 点或矢径为 r 处的电流密度和电场强度矢量及其分量的关系可表示为：

$$\begin{pmatrix} J_1 \\ J_2 \\ J_3 \end{pmatrix} = \begin{pmatrix} \sigma & 0 & 0 \\ 0 & \sigma & 0 \\ 0 & 0 & \sigma \end{pmatrix} \begin{pmatrix} E_1 \\ E_2 \\ E_3 \end{pmatrix}$$

于是 $\begin{pmatrix} J_1 \\ J_2 \\ J_3 \end{pmatrix} = \sigma \begin{pmatrix} E_1 \\ E_2 \\ E_3 \end{pmatrix}$ 或分别表示为 $\begin{cases} J_1 = \sigma E_1 \\ J_2 = \sigma E_2 \\ J_3 = \sigma E_3 \end{cases}$

这里的电导率 σ 是 P 点或矢径为 r 处的电导率 $\sigma(r)$。因为金属是各向同性且均匀的导体，电导率 σ 是常数。对于半导体来说，硅单晶的电导率是各向同性的，往往由于掺杂不均匀，各处电导率不一致。因此 P 点或矢径为 r 处的电流密度和电场强度矢量及其分量的关系可表示为：

$$\boldsymbol{J} = \boldsymbol{\sigma}(\boldsymbol{r})\boldsymbol{E} \quad \text{或} \quad \begin{cases} J_1 = \sigma(r)E_1 \\ J_2 = \sigma(r)E_2 \\ J_3 = \sigma(r)E_3 \end{cases}$$

电流密度和电场强度是两个物理量，电导率是物质物理量，有时物质物理量也称为物质常数，但并不表明它是固定不变的。上面是个例子。应力与应变关系中要使用一个物质物理量，叫做弹性模量 E。对于金属来说，因为金属是细晶粒多晶，弹性模量应是各向同性的，与方向无关。对于各向同性的材料，描写基轴系正应力与正应变关系的胡克定理为：

$$\begin{bmatrix} e_{11} \\ e_{22} \\ e_{33} \end{bmatrix} = \begin{bmatrix} \dfrac{1}{E} & \dfrac{\nu}{E} & \dfrac{\nu}{E} \\ \dfrac{\nu}{E} & \dfrac{1}{E} & \dfrac{\nu}{E} \\ \dfrac{\nu}{E} & \dfrac{\nu}{E} & \dfrac{1}{E} \end{bmatrix} \cdot \begin{bmatrix} \sigma_{11} \\ \sigma_{22} \\ \sigma_{33} \end{bmatrix}$$

$$\begin{bmatrix} e_{11} \\ e_{22} \\ e_{33} \end{bmatrix} = \dfrac{1}{E} \begin{bmatrix} \sigma_{11} & + & \nu\sigma_{22} & + & \nu\sigma_{33} \\ \nu\sigma_{11} & + & \sigma_{22} & + & \nu\sigma_{33} \\ \nu\sigma_{11} & + & \nu\sigma_{22} & + & \sigma_{33} \end{bmatrix} \qquad (2-1)$$

由式 2-1 可以看出，实际在一个方向拉伸时，这个方向就膨胀，而与其垂直的两个方向上便发生自然的收缩。例如，当仅有 σ_{11} 时，$e_{11} = \sigma_{11}/E$，$e_{22} = \sigma_{11}\nu/E$，$e_{33} = \sigma_{11}\nu/E$。$\sigma_{11}$ 也会产生 e_{22} 和 e_{33}。这是因为 σ_{11} 在 x_1 方向上拉伸 e_{11}，同时在 x_2 和 x_3 方向上收缩 e_{22} 和 e_{33}，尽可能保持材料的密度不变。所以，$\nu \approx -0.32$，与方向无关。也就是说，任意某一方向拉伸，必然在其两个横向发生收缩。E 和 ν 是相互依存、不随方向而变化的一种互存关系。假定 e_{11} 为 1%，那么 e_{22} 和 e_{33} 分别为 -0.3%，总体积增长仅为 0.4%，而不是 1%。密度减小 0.4%，而不是 1%。

式 2-1 是各向同性情况下的胡克定理。这里弹性模量或刚度也是各向同性的，与固体中所设的坐标轴的方向无关。这可从 6.1 节看出。

2.2 固体中的坐标系的变换

如果固体不动，也就是已设的坐标 x_1、x_2、x_3 不动。在同一个原点做相互垂直的另外三个坐标，构成新坐标系 x_1'、x_2'、x_3'，如图 2-1 所示。两个坐标系之间的坐标变换：

$$\begin{pmatrix} x_1' \\ x_2' \\ x_3' \end{pmatrix} = \begin{pmatrix} \cos\alpha_1 & \cos\beta_1 & \cos\gamma_1 \\ \cos\alpha_2 & \cos\beta_2 & \cos\gamma_2 \\ \cos\alpha_3 & \cos\beta_3 & \cos\gamma_3 \end{pmatrix} \begin{pmatrix} x_1 \\ x_2 \\ x_3 \end{pmatrix} = \begin{pmatrix} l_1 & m_1 & n_1 \\ l_2 & m_2 & n_2 \\ l_3 & m_3 & n_3 \end{pmatrix} \begin{pmatrix} x_1 \\ x_2 \\ x_3 \end{pmatrix}$$

$$(2-2)$$

式中，l_1、m_1、$\cdots$、m_3、n_3 为 x_1'、x_2'、x_3' 与 x_1、x_2、x_3 坐标轴之间各自的方向余弦。一般求方向余弦的方法是：如图 2-1 所示，先绕垂直 x_3' 和 x_3 的 S 轴转 θ 角使 x_3' 和 x_3 相重合，此时 x_1' 和 x_2' 也转到 x_1、x_2 平面上。然后再绕 x_3 轴转 ϕ 角使 x_1' 与 x_1，x_2' 与 x_2 分别相重合。依据转动的次序可以求出各轴之间的方向余弦，如表 2-1 所示。如果 x_2' 轴已在 x_1、x_2 平面上，即 x_2' 轴分别垂直 x_3' 和 x_3，此时选垂直 x_3' 和 x_3 的 x_2' 轴为 S 轴，围绕 x_2' 轴转 θ 角使 x_3' 和

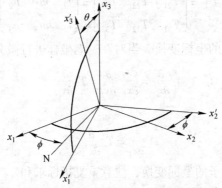

图 2-1 两个坐标系之间的旋转变换

x_3 相重合，然后再绕 x_3 轴转 ϕ 角使 x_1' 与 x_1，x_2' 与 x_2 分别相重合。按以上操作做一遍，ϕ 角便是原 x_1、x_2 平面上 x_2' 与 x_2 之间的夹角。x_1'、x_2'、x_3' 的方向余弦的公式同样参见表 2-1。

如果 x_1' 和 x_2' 轴已在 x_1、x_2 平面上，即 x_3' 已和 x_3 相重合，则 $\theta = 0$。再绕 x_3 轴转 ϕ 角使 x_1' 与 x_1，x_2' 与 x_2 分别相重合即可，ϕ 角便是原 x_1、x_2 平面上 x_1' 与 x_1 或 x_2' 与 x_2 之间的夹角。此时 x_1'、x_2'、x_3' 的方向余弦还可进一步简化，列在表 2-1 中最后三行。

表 2-1　两个坐标之间的方向余弦

项　目	x_1	x_2	x_3
x_1'	$l_1 = \cos\theta\cos\phi$	$m_1 = \cos\theta\sin\phi$	$n_1 = -\sin\theta$
x_2'	$l_2 = -\sin\phi\cos\theta$	$m_2 = \cos\phi\cos\theta$	$n_2 = \sin\theta$
x_3'	$l_3 = \cos\phi\sin\theta$	$m_3 = \sin\phi\sin\theta$	$n_3 = \cos\theta$
x_2' （已在 x_1x_2 平面上）	$l_2 = -\sin\phi$	$m_2 = \cos\phi$	$n_2 = 0$

式 2-2 也可简写成：

$$x' = Tx \qquad (2-3)$$

其中坐标变换矩阵 T 是一个正交矩阵：

$$[T] = \begin{bmatrix} T_{11} & T_{12} & T_{13} \\ T_{21} & T_{22} & T_{23} \\ T_{31} & T_{32} & T_{33} \end{bmatrix} = \begin{pmatrix} l_1 & m_1 & n_1 \\ l_2 & m_2 & n_2 \\ l_3 & m_3 & n_3 \end{pmatrix}$$

微分算子的坐标变换。当对新、老坐标进行微分时，有：

$$\frac{\partial}{\partial x_i'} = \frac{\partial x_j}{\partial x_i'} \frac{\partial}{\partial x_j} = T_{ij} \frac{\partial}{\partial x_j}$$

同样有：

$$\frac{\partial}{\partial x_i} = T_{ji} \frac{\partial}{\partial x_j'}$$

这就是微分算子的坐标变换，注意重复指标求和。

应变的定义为：

$$e_{ij} = \frac{1}{2}\left(\frac{\partial u_i}{\partial x_j} + \frac{\partial u_j}{\partial x_i}\right) \qquad (2-4)$$

式中，u_i 和 u_j 分别是体元 dx_1、dx_2、dx_3 的受力点 r 在 x_1、x_2、x_3 方向上的位移。$i = j$ 时，为正应变 e_{ii} 或 e_{jj}；$i \neq j$ 时，称为切应变 e_{ij}。应变是一个二阶张量，因为其角标有两个指标。此时位移的变换为 $u_i' = T_{ij}u_j$。

依据式 2-4，当一物理量需用坐标的微分算子来定义时，例如应变，则该物理量应变的坐标变换为：

$$e_{ij}' = \frac{1}{2}\left(\frac{\partial u_i'}{\partial x_j'} + \frac{\partial u_j'}{\partial x_i'}\right) = \frac{1}{2}\left(T_{jm}\frac{\partial}{\partial x_m}T_{il}u_l + T_{il}\frac{\partial}{\partial x_l}T_{jm}u_m\right)$$

$$= \frac{1}{2}\left(T_{jm}T_{il}\frac{\partial}{\partial x_m}u_l + T_{il}T_{jm}\frac{\partial}{\partial x_l}u_m\right) = T_{jm}T_{il}\left[\frac{1}{2}\left(\frac{\partial u_l}{\partial x_m} + \frac{\partial u_m}{\partial x_l}\right)\right]$$

上式可缩写为：

$$e_{ij}' = T_{il}T_{jm}e_{lm} \qquad (2-5)$$

这是老坐标系的应变转换成新坐标系的应变的变换公式，注意这里 l、m 的重复指标求和。也就是说，e_{lm} 应包括全部正、切应变的转换。

2.3 晶体的物质常数及其坐标变换

晶体中原子有规则、周期性的排列，导致晶体明显的各向异性。许多物质常数，如电导率、电阻率、压电系数也是明显与方向有关。晶体中有高度对称性的方向称为晶体主晶轴。由主晶轴坐标系中的物理和物质量数值，依据坐标变换法则，便可推算出任何晶向的相应物理和物质量数值。

2.3.1 二阶电导率张量

设 J_1、J_2、J_3 是电流密度 J 在主晶轴坐标系 x_1、x_2、x_3 中的三个分量：

$$J = J_1 i_1 + J_2 i_2 + J_3 i_3 \qquad (2-6)$$

电场强度 E 的三个分量为 E_1、E_2、E_3：

$$E = E_1 i_1 + E_2 i_2 + E_3 i_3 \qquad (2-7)$$

晶体中电流密度与电场强度的关系可以表述为：

$$\begin{pmatrix} J_1 \\ J_2 \\ J_3 \end{pmatrix} = \begin{pmatrix} \sigma_{11} & \sigma_{12} & \sigma_{13} \\ \sigma_{21} & \sigma_{22} & \sigma_{23} \\ \sigma_{31} & \sigma_{32} & \sigma_{33} \end{pmatrix} \begin{pmatrix} E_1 \\ E_2 \\ E_3 \end{pmatrix} \qquad (2-8)$$

或简写为 $J = \Sigma E$。

晶体中电导率分量 σ_{ij} 与电场方向 j 和电流密度方向 i 有关。电导率 Σ 是一个二阶张量，有两个角坐标 i、j。式 2-8 中 σ_{ij} 是主晶轴坐标系中的电导率张量分量。σ_{ii} 是电流密度和电场一致时的电导率，σ_{ij} 是两者垂直时的电阻率。

如果晶体不动，也就是主晶轴坐标 x_1、x_2、x_3 不动。在同一个原点做相互垂直的三个晶向构成新坐标系 x_1'、x_2'，x_3'。两个坐标系之间的坐标变换：

$$\begin{pmatrix} x_1' \\ x_2' \\ x_3' \end{pmatrix} = \begin{pmatrix} \cos\alpha_1 & \cos\beta_1 & \cos\gamma_1 \\ \cos\alpha_2 & \cos\beta_2 & \cos\gamma_2 \\ \cos\alpha_3 & \cos\beta_3 & \cos\gamma_3 \end{pmatrix} \begin{pmatrix} x_1 \\ x_2 \\ x_3 \end{pmatrix} = \begin{pmatrix} l_1 & m_1 & n_1 \\ l_2 & m_2 & n_2 \\ l_3 & m_3 & n_3 \end{pmatrix} \begin{pmatrix} x_1 \\ x_2 \\ x_3 \end{pmatrix}$$

$$(2-9)$$

式中，l_1、m_1、$\cdots$、m_3、n_3 为 x_1'、x_2'、x_3' 与 x_1、x_2、x_3 坐标轴之间的方向余弦，可根据表 2-1 得到。

式 2-9 也可简写成：

$$x' = Tx \qquad (2-10)$$

式中，x' 是新坐标向量；x 是老坐标向量；T 是坐标变换矩阵。

对电流密度 J 和电场强度 E 相应也有：

$$J' = TJ \quad \text{和} \quad E' = TE \qquad (2-11)$$

其中 T 是坐标变换矩阵，它是一个正交矩阵，即有 $T^{-1} = \tilde{T}$。J' 和 E' 是新坐标系中电流密度和电场强度。

$$J' = J_1' i_1' + J_2' i_2' + J_3' i_3' \qquad (2-12)$$

$$E' = E_1' i_1' + E_2' i_2' + E_3' i_3' \qquad (2-13)$$

新坐标系中电流密度和电场强度关系：

$$\begin{pmatrix} J_1' \\ J_2' \\ J_3' \end{pmatrix} = \begin{pmatrix} \sigma_{11}' & \sigma_{12}' & \sigma_{13}' \\ \sigma_{21}' & \sigma_{22}' & \sigma_{23}' \\ \sigma_{31}' & \sigma_{32}' & \sigma_{33}' \end{pmatrix} = \begin{pmatrix} E_1' \\ E_2' \\ E_3' \end{pmatrix} \qquad (2-14)$$

仍可简写为：

$$\boldsymbol{J}' = \boldsymbol{\Sigma}' \boldsymbol{E}' \qquad (2-15)$$

新坐标系中的电导率张量 $\boldsymbol{\Sigma}'$ 可从主晶轴的 $\boldsymbol{\Sigma}$ 得到：

$$\boldsymbol{\Sigma}' = \boldsymbol{T}\boldsymbol{\Sigma}\tilde{\boldsymbol{T}} \qquad (2-16)$$

$\boldsymbol{\Sigma}'$ 中各分量为：

$$\sigma_{ij}' = T_{il}T_{jm}\sigma_{lm} \qquad (2-17)$$

这里要求重复指标求和。

在立方晶系中，由于主晶轴 x_1、x_2、x_3 的等价性以及各种对称性，主晶轴系中：

$$\boldsymbol{\Sigma} = \begin{pmatrix} \sigma_{11} & & 0 \\ & \sigma_{11} & \\ 0 & & \sigma_{11} \end{pmatrix} \qquad (2-18)$$

这可以从以下考虑得到证明：新坐标 x_3' 轴还是 x_3 轴，让 $x_1' = -x_2$，$x_2' = x_1$。这相当于坐标变换矩阵：

$$\boldsymbol{T} = \begin{pmatrix} 0 & -1 & 0 \\ 1 & 0 & 0 \\ 0 & 0 & 1 \end{pmatrix}, \ \text{即有} \begin{pmatrix} x_1' \\ x_2' \\ x_3' \end{pmatrix} = \begin{pmatrix} 0 & -1 & 0 \\ 1 & 0 & 0 \\ 0 & 0 & 1 \end{pmatrix}\begin{pmatrix} x_1 \\ x_2 \\ x_3 \end{pmatrix}$$

在新坐标系中的电导率张量：

$$\boldsymbol{\Sigma}' = \boldsymbol{T}\boldsymbol{\Sigma}\tilde{\boldsymbol{T}} = \begin{pmatrix} \sigma_{22} & -\sigma_{21} & -\sigma_{23} \\ -\sigma_{12} & \sigma_{11} & \sigma_{13} \\ -\sigma_{32} & \sigma_{31} & \sigma_{33} \end{pmatrix}$$

x_1'、x_2'、x_3' 与 x_1、x_2、x_3 都属主晶轴，由于立方晶系的主晶轴等价性，必有 $\sigma_{11} = \sigma_{22} = \sigma_{33}$。另外电导率分量不可能是负的，必有 $\sigma_{21} = \sigma_{12} = 0$，$\sigma_{23} = \sigma_{32} = 0$。类似，让新坐标轴 x_1' 依然取 x_1 轴，并让 $x_2' = x_3$，$x_3' = -x_2$。这时坐标变换矩阵：

$$T = \begin{pmatrix} 1 & 0 & 0 \\ 0 & 0 & 1 \\ 0 & -1 & 0 \end{pmatrix}$$

即：

$$\begin{pmatrix} x'_1 \\ x'_2 \\ x'_3 \end{pmatrix} = \begin{pmatrix} 1 & 0 & 0 \\ 0 & 0 & 1 \\ 0 & -1 & 0 \end{pmatrix} \begin{pmatrix} x_1 \\ x_2 \\ x_3 \end{pmatrix}$$

$$\Sigma' = T\Sigma\tilde{T} = \begin{pmatrix} \sigma_{11} & \sigma_{13} & -\sigma_{12} \\ \sigma_{31} & \sigma_{33} & -\sigma_{32} \\ -\sigma_{21} & -\sigma_{23} & \sigma_{22} \end{pmatrix}$$

因而 $\sigma_{21} = \sigma_{12} = 0$，$\sigma_{23} = \sigma_{32} = 0$。还可进一步类推，有 $\sigma_{31} = \sigma_{13} = 0$。

表 2 − 2 中示出不同晶系中物质常数 L 二阶张量在主晶轴系中的各分量。

表 2 − 2　物质常数 L 二阶张量在主晶轴系中的各分量

主晶轴系	三斜晶系			单斜晶系			正交晶系			三方晶系 四方晶系 六方晶系			立方晶系		
物质常数 L 的各分量	l_{11}	l_{12}	l_{13}	l_{11}	l_{12}	0	l_{11}	0	0	l_{11}	0	0	l_{11}	0	0
	l_{21}	l_{22}	l_{23}	l_{12}	l_{22}	0	0	l_{22}	0	0	l_{11}	0	0	l_{11}	0
	l_{31}	l_{32}	l_{33}	0	0	l_{33}	0	0	l_{33}	0	0	l_{33}	0	0	l_{11}

2.3.2 压电系数三阶张量

晶体受到一定方向的应力作用后，其中正、负离子发生相对位移，产生电偶极子并引起电极化，还在晶体两侧表面出现正、负电荷，这种现象被称为压电效应。

如图 2 − 2 所示，x_1、x_2、x_3 坐标系中的应力张量 X：

$$X = \begin{pmatrix} X_{11} & X_{12} & X_{13} \\ X_{21} & X_{22} & X_{23} \\ X_{31} & X_{32} & X_{33} \end{pmatrix} \qquad (2-19)$$

称 X_{ii} 为正应力, X_{ij} 为切应力。应力张量 $\boldsymbol{X}$ 具有下标对称的性质: $X_{ij} = X_{ji}$。

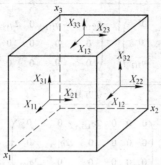

图 2-2 应力张量的九个分量

晶体中极化强度矢量 $\boldsymbol{P}$:

$$\boldsymbol{P} = P_1 i_1 + P_2 i_2 + P_3 i_3 \qquad (2-20)$$

极化强度与应力的关系可表示如下:

$$\begin{bmatrix} P_1 \\ P_2 \\ P_3 \end{bmatrix} = \begin{bmatrix} q_{111} & q_{122} & q_{133} & 2q_{123} & 2q_{131} & 2q_{112} \\ q_{211} & q_{222} & q_{233} & 2q_{223} & 2q_{231} & 2q_{212} \\ q_{311} & q_{322} & q_{333} & 2q_{323} & 2q_{331} & 2q_{312} \end{bmatrix} \begin{bmatrix} X_{11} \\ X_{22} \\ X_{33} \\ X_{23} \\ X_{31} \\ X_{12} \end{bmatrix} \qquad (2-21)$$

式中, q_{ikl} 被称为压电系数张量分量, 当 $k \neq l$ 时, q_{ikl} 和 q_{ilk} 合并为 $2q_{ikl}$ ($k \neq l$)。根据晶体的对称性所属晶系, 在主晶轴坐标系中压电系数张量与晶系的关系如表 2-3 所示。

由 X_1、X_2、X_3 与 X_1'、X_2'、X_3' 的坐标变换矩阵 $\boldsymbol{T}$ 可得到新坐标系中应力张量分量 X_{ij}':

$$X_{ij}' = T_{il} T_{jm} X_{lm} \quad (\text{重复指标求和}) \qquad (2-22)$$

极化强度矢量分量 p_i' 按下式变换:

$$p_i' = T_{ij} p_j \quad (\text{重复指标求和}) \qquad (2-23)$$

表 2 – 3   压电系数三阶张量分量与晶系关系

正交晶系	三角晶系（石英）
$\begin{pmatrix} 0 & 0 & 0 & 2q_{123} & 0 & 0 \\ 0 & 0 & 0 & 0 & 2q_{231} & 0 \\ 0 & 0 & 0 & 0 & 0 & 2q_{312} \end{pmatrix}$	$\begin{pmatrix} q_{111} & -q_{111} & 0 & 2q_{123} & 0 & 0 \\ 0 & 0 & 0 & 0 & -2q_{123} & -2q_{111} \\ 0 & 0 & 0 & 0 & 0 & 0 \end{pmatrix}$

立方晶系
$\begin{pmatrix} 0 & 0 & 0 & 2q_{123} & 0 & 0 \\ 0 & 0 & 0 & 0 & 2q_{123} & 0 \\ 0 & 0 & 0 & 0 & 0 & 2q_{123} \end{pmatrix}$

压电系数张量分量按下式变换:

$$q'_{ikl} = T_{in}T_{km}T_{lr}q_{nmr} \text{（重复指标求和）} \qquad (2-24)$$

2.3.3 压阻系数四阶张量

应力引起晶体电阻率或电阻变化的现象称为压阻效应。因为晶体各向异性,电流密度 $\boldsymbol{J}$ 和电场 $\boldsymbol{E}$ 的关系可表示为:

$$\begin{pmatrix} E_1 \\ E_2 \\ E_3 \end{pmatrix} = \begin{pmatrix} \rho_{11} & \rho_{12} & \rho_{13} \\ \rho_{21} & \rho_{22} & \rho_{23} \\ \rho_{31} & \rho_{32} & \rho_{33} \end{pmatrix} \begin{pmatrix} J_1 \\ J_2 \\ J_3 \end{pmatrix} \qquad (2-25)$$

前面已经指出,对立方晶系来说,取晶轴作坐标轴,无应力时则有:

$$\begin{pmatrix} E_1 \\ E_2 \\ E_3 \end{pmatrix} = \begin{pmatrix} \rho_0 & & 0 \\ & \rho_0 & \\ 0 & & \rho_0 \end{pmatrix} \begin{pmatrix} J_1 \\ J_2 \\ J_3 \end{pmatrix}$$

即有:

$$\rho_{ij} = \rho_0\delta_{ij} = \begin{cases} 0 & i \neq j \\ \rho_0 & i = j \end{cases} \qquad (2-26)$$

式中，δ_{ij}是克罗尼克（Kronecker）符号。

应力引起电阻率的相对变化为：

$$\frac{\Delta\rho_{ij}}{\rho_0}=\frac{\rho_{ij}-\rho_0\delta_{ij}}{\rho_0}=\Delta_{ij}$$

即有：

$$\rho_{ij}=\begin{cases}\rho_0(\Delta_{ij}+1) & i=j\\ \rho_0\Delta_{ij} & i\neq j\end{cases}\qquad(2-27)$$

Δ_{ij}也是一个二阶张量：

$$\begin{pmatrix}\Delta_{11} & \Delta_{12} & \Delta_{13}\\ \Delta_{21} & \Delta_{22} & \Delta_{23}\\ \Delta_{31} & \Delta_{32} & \Delta_{33}\end{pmatrix}\qquad(2-28)$$

$\Delta_{ij}=\Delta_{ji}$具有下标对称性。$\Delta_{ii}=(\rho_{ii}-\rho_0)/\rho_0$，为电流与电场方向一致时的压阻效应。$\Delta_{ii}=\rho_{ij}/\rho_0$，为电流与电场分别在 i 和 j 方向的压阻效应，称为剪切压阻效应。

电阻率的相对变化与应力的关系为：

$$\begin{bmatrix}\Delta_{11}\\ \Delta_{22}\\ \Delta_{33}\\ \Delta_{23}\\ \Delta_{13}\\ \Delta_{12}\end{bmatrix}=\begin{bmatrix}\pi_{1111} & \pi_{1122} & \pi_{1133} & \pi_{1123} & \pi_{1113} & \pi_{1112}\\ \pi_{2211} & \pi_{2222} & \pi_{2233} & \pi_{2223} & \pi_{2213} & \pi_{2212}\\ \pi_{3311} & \pi_{3322} & \pi_{3333} & \pi_{3323} & \pi_{3313} & \pi_{3312}\\ \pi_{2311} & \pi_{2322} & \pi_{2333} & \pi_{2323} & \pi_{2313} & \pi_{2312}\\ \pi_{1311} & \pi_{1322} & \pi_{1333} & \pi_{1323} & \pi_{1313} & \pi_{1312}\\ \pi_{1211} & \pi_{1222} & \pi_{1233} & \pi_{1223} & \pi_{1213} & \pi_{1212}\end{bmatrix}\begin{bmatrix}X_{11}\\ X_{22}\\ X_{33}\\ X_{23}\\ X_{13}\\ X_{12}\end{bmatrix}$$

$$(2-29)$$

式中，π_{ijlm} 被称为压阻系数，共有四个角标，是一个四阶张量。对立方晶系来说，当主晶轴作坐标轴时，三个晶轴完全等效，有 $\pi_{1111}=\pi_{2222}=\pi_{3333}$，$\pi_{1122}=\pi_{1133}=\pi_{2211}=\pi_{2233}=\pi_{3311}=\pi_{3322}$。又由于正应力 X_{11}、X_{22}、X_{33} 不可能产生剪切压阻效应，即有：

$$\pi_{2311}=\pi_{2322}=\pi_{2333}=\pi_{1311}=\pi_{1322}$$
$$=\pi_{1333}=\pi_{1211}=\pi_{1222}=\pi_{1233}=0$$

同样剪切应力 X_{23}、X_{13}、X_{12} 不可能产生 E_i 和 J_i 一致方向的压阻效应，即有：

$$\pi_{1123} = \pi_{1133} = \pi_{1112} = \pi_{2223} = \pi_{2213}$$
$$= \pi_{2212} = \pi_{2323} = \pi_{2313} = \pi_{2312} = 0$$

另外，剪切应力 X_{23}、X_{13}、X_{12} 不可能在剪切应力所在平面之外产生压阻效应，即有：

$$\pi_{2313} = \pi_{2312} = \pi_{1312} = \pi_{1323} = \pi_{1223} = \pi_{1213} = 0$$

所以对立方晶系来说，主晶轴坐标系中电阻率相对变化与应力的关系可简化为：

$$
\begin{bmatrix} \Delta_{11} \\ \Delta_{22} \\ \Delta_{33} \\ \Delta_{23} \\ \Delta_{13} \\ \Delta_{12} \end{bmatrix}
=
\begin{bmatrix}
\pi_{1111} & \pi_{1122} & \pi_{1122} & & & 0 \\
\pi_{1122} & \pi_{1111} & \pi_{1122} & & & \\
\pi_{1122} & \pi_{1122} & \pi_{1111} & & & \\
& & & \pi_{2323} & & \\
& & & & \pi_{2323} & \\
& & & & & \pi_{2323}
\end{bmatrix}
\begin{bmatrix} X_{11} \\ X_{22} \\ X_{33} \\ X_{23} \\ X_{13} \\ X_{12} \end{bmatrix}
$$

$$(2-30)$$

使 Δ_{ij} 和 X_{ij} 的角标降阶缩并成一个，对应的压阻系 π_{ijem} 的角标则降阶缩并成两个，上述方程进一步简化为：

$$
\begin{bmatrix} \Delta_1 \\ \Delta_2 \\ \Delta_3 \\ \Delta_4 \\ \Delta_5 \\ \Delta_6 \end{bmatrix}
=
\begin{bmatrix}
\pi_{11} & \pi_{12} & \pi_{12} & & & 0 \\
\pi_{12} & \pi_{11} & \pi_{12} & & & \\
\pi_{12} & \pi_{12} & \pi_{11} & & & \\
& & & \pi_{44} & & \\
& & & & \pi_{44} & \\
0 & & & & & \pi_{44}
\end{bmatrix}
\begin{bmatrix} X_1 \\ X_2 \\ X_3 \\ X_4 \\ X_5 \\ X_6 \end{bmatrix}
$$

$$(2-31)$$

表 2-4 列出立方晶系硅、锗、砷化镓在主晶轴坐标系中的基本压阻系数。

表 2 - 4 主晶轴坐标系中的基本压阻系数

材 料	电阻率/Ω·cm	$\pi_{11}/\mathrm{cm}^2 \cdot \mathrm{N}^{-1}$	$\pi_{12}/\mathrm{cm}^2 \cdot \mathrm{N}^{-1}$	$\pi_{44}/\mathrm{cm}^2 \cdot \mathrm{N}^{-1}$
n - Si	11	-102.2×10^{-7}	53.4×10^{-7}	-13.6×10^{-7}
p - Si	8	6.6×10^{-7}	-1.1×10^{-7}	138.1×10^{-7}
n - GaAs	0.005	-3.2×10^{-7}	-5.4×10^{-7}	-2.5×10^{-7}
p - GaAs	0.004	-12×10^{-7}	-0.6×10^{-7}	46×10^{-7}
n - Ge	1.5	-2.3×10^{-7}	-3.2×10^{-7}	-138×10^{-7}
p - Ge	1.1	-3.7×10^{-7}	3.2×10^{-7}	90.7×10^{-7}

在有应力情况下又取主晶轴系坐标，晶体中电流密度与电场强度的关系为：

$$E_i = \rho_{ij} J_j \quad （重复指标求和） \tag{2-32}$$

其中：

$$\rho_{ij} = \begin{cases} \rho_0(\Delta_{ij} + 1) & i = j \\ \rho_0 \Delta_{ij} & i \neq j \end{cases} \tag{2-33}$$

而 $\Delta_{ij} = \pi_{ijlm} X_{lm}$ （式 2 - 30）（重复指标求和），又将坐标按式 2 - 31 降阶缩并后，现在可以具体展开，如下：

$$E_1 = \rho_0 \{ J_1 [1 + \pi_{11} X_1 + \pi_{12}(X_2 + X_3)] + \pi_{44}(J_2 X_6 + J_3 X_5) \}$$
$$E_2 = \rho_0 \{ J_2 [1 + \pi_{11} X_2 + \pi_{12}(X_1 + X_3)] + \pi_{44}(J_1 X_6 + J_3 X_4) \}$$
$$E_3 = \rho_0 \{ J_3 [1 + \pi_{11} X_3 + \pi_{12}(X_1 + X_2)] + \pi_{44}(J_1 X_5 + J_2 X_4) \}$$

$$\tag{2-34}$$

分别称 π_{11}、π_{12}、π_{44} 为主晶轴系基本纵向、横向及剪切压阻系数。

在非主晶轴坐标系情况下，电阻率的相对变化为：

$$\Delta'_{ij} = \pi'_{ijlm} X'_{lm} \quad （重复指标求和） \tag{2-35}$$

Δ'_{ij} 和 X'_{lm} 都按二阶张量变换式 2 - 22（此时将电导率 σ'_{ij} 张量换成 Δ'_{ij} 和 X'_{lm}）进行变换。在新坐标系中的 π'_{ijlm} 也是四阶张量，按下式由主晶轴系压阻系数 π_{rsuv} 变换（通常称为投影）而来：

$$\pi'_{ijlm} = T_{ir}T_{js}T_{lu}T_{mv}\pi_{rsuv} \quad (\text{重复指标求和}) \quad (2-36)$$

式中，T 是新、老坐标变换矩阵：

$$x' = Tx$$

注意式 2-30 和式 2-31 中，原来 π_{rsuv} 应是一个 9×9 矩阵，省略了 π_{3232}、π_{3131} 和 π_{2121}，做投影时不能丢掉这后三项。

表 2-5 中示出四阶张量（角标已降阶缩并）与结晶系的关系。

表 2-5　不同晶系中的压阻系数张量

单斜晶系						正交晶系					
π_{11}	π_{12}	π_{13}	0	0	π_{16}	π_{11}	π_{12}	π_{13}	0	0	0
π_{12}	π_{22}	π_{23}	0	0	π_{26}	π_{12}	π_{22}	π_{23}	0	0	0
π_{13}	π_{23}	π_{33}	0	0	π_{36}	π_{13}	π_{23}	π_{33}	0	0	0
0	0	0	π_{44}	π_{45}	0	0	0	0	π_{44}	0	0
0	0	0	π_{45}	π_{55}	0	0	0	0	0	π_{55}	0
π_{16}	π_{26}	π_{36}	0	0	π_{66}	0	0	0	0	0	π_{66}

六方晶系					
π_{11}	π_{12}	π_{13}	0	0	0
π_{12}	π_{11}	π_{13}	0	0	0
π_{13}	π_{13}	π_{33}	0	0	0
0	0	0	π_{44}	0	0
0	0	0	0	π_{44}	0
0	0	0	0	0	$2(\pi_{11} - \pi_{12})$

2.4　各向同性情况下的坐标变换

设固体的老坐标为 x_1、x_2、x_3，在同一个原点做相互垂直的另外三个坐标构成新坐标系 x_i、x_j、x_k。i、j、k 是矢量（i　j

k) 在新坐标系的三个分量。两个坐标系之间的坐标变换为：

$$\begin{bmatrix} x_i \\ x_j \\ x_k \end{bmatrix} = \begin{bmatrix} T_{i1} & T_{i2} & T_{i3} \\ T_{j1} & T_{j2} & T_{j3} \\ T_{k1} & T_{k2} & T_{k3} \end{bmatrix} \begin{bmatrix} x_1 \\ x_2 \\ x_3 \end{bmatrix}$$

下面来证明各向同性情况下的电导率。前面已有电导率的坐标变换公式：

$$\boldsymbol{\Sigma}' = \boldsymbol{T}\boldsymbol{\Sigma}\widetilde{\boldsymbol{T}}$$

将 $\widetilde{\boldsymbol{T}}$ 移到左端，则有：

$$\boldsymbol{T}\boldsymbol{\Sigma}' = \boldsymbol{T}\boldsymbol{\Sigma}$$

$$\begin{bmatrix} T_{i1}T_{i1} & T_{i2}T_{i2} & T_{i3}T_{i3} \\ T_{j1}T_{j1} & T_{j2}T_{j2} & T_{j3}T_{j3} \\ T_{k1}T_{k1} & T_{k2}T_{k2} & T_{k3}T_{k3} \end{bmatrix} \begin{pmatrix} \sigma'_{11} & \sigma'_{12} & \sigma'_{13} \\ \sigma'_{21} & \sigma'_{22} & \sigma'_{23} \\ \sigma'_{31} & \sigma'_{32} & \sigma'_{33} \end{pmatrix}$$

$$= \begin{bmatrix} T_{i1}T_{i1} & T_{i2}T_{i2} & T_{i3}T_{i3} \\ T_{j1}T_{j1} & T_{j2}T_{j2} & T_{j3}T_{j3} \\ T_{k1}T_{k1} & T_{k2}T_{k2} & T_{k3}T_{k3} \end{bmatrix} \begin{pmatrix} \sigma_{11} & \sigma_{12} & \sigma_{13} \\ \sigma_{21} & \sigma_{22} & \sigma_{23} \\ \sigma_{31} & \sigma_{32} & \sigma_{33} \end{pmatrix}$$

要满足上述等式成立，只有：

$$\begin{pmatrix} \sigma'_{11} & \sigma'_{12} & \sigma'_{13} \\ \sigma'_{21} & \sigma'_{22} & \sigma'_{23} \\ \sigma'_{31} & \sigma'_{32} & \sigma'_{33} \end{pmatrix} = \begin{pmatrix} \sigma_{11} & \sigma_{12} & \sigma_{13} \\ \sigma_{21} & \sigma_{22} & \sigma_{23} \\ \sigma_{31} & \sigma_{32} & \sigma_{33} \end{pmatrix}$$

$$= \sigma \begin{pmatrix} 1 & 0 & 0 \\ 0 & 1 & 0 \\ 0 & 0 & 1 \end{pmatrix} = \begin{pmatrix} \sigma & 0 & 0 \\ 0 & \sigma & 0 \\ 0 & 0 & \sigma \end{pmatrix}$$

此时有：

$$T_{i1}T_{i1}\sigma'_{11} = T_{i1}T_{i1}\sigma_{11} = T_{i1}T_{i1}\sigma$$

$$T_{j2}T_{j2}\sigma'_{22} = T_{j2}T_{j2}\sigma_{22} = T_{j2}T_{j2}\sigma$$

$$T_{k3}T_{k3}\sigma'_{33} = T_{k3}T_{k3}\sigma_{33} = T_{k3}T_{k3}\sigma$$

也就是说，电导率为常数，与方向无关。尽管也可有非对角项 μ：

$$\begin{pmatrix} \sigma'_{11} & \sigma'_{12} & \sigma'_{13} \\ \sigma'_{21} & \sigma'_{22} & \sigma'_{23} \\ \sigma'_{31} & \sigma'_{32} & \sigma'_{33} \end{pmatrix} = \begin{pmatrix} \sigma_{11} & \sigma_{12} & \sigma_{13} \\ \sigma_{21} & \sigma_{22} & \sigma_{23} \\ \sigma_{31} & \sigma_{32} & \sigma_{33} \end{pmatrix} = \begin{pmatrix} \sigma & \mu & \mu \\ \mu & \sigma & \mu \\ \mu & \mu & \sigma \end{pmatrix}$$

以满足 $T\Sigma' = T\Sigma$。通常将这种情况称为各向异性电导率。这与胡克定理不同，胡克定理中的非对角项是由于拉伸时，横向自然收缩而形成的，任何方向都存在。前面已作了解释。

3 | 格林定理及其推导与应用

3.1 高等数学中的高斯定理和格林定理

3.1.1 高斯定理

高斯定理可表述为：

$$\iiint_v \nabla \cdot \boldsymbol{F} \, \mathrm{d}v = \iint_s \boldsymbol{F} \cdot \boldsymbol{n} \, \mathrm{d}s \tag{3-1}$$

式中，s 为空间区域 v 的边界曲面；$\boldsymbol{n} = (\cos\alpha,\ \cos\beta,\ \cos\gamma)$ 为 s 上一点法线单位矢量；$\boldsymbol{F}$ 为空间域中的某一物理量矢量。

3.1.2 格林定理

格林定理可表述为：

$$\iiint_v (\psi \nabla^2 \boldsymbol{\phi} + \nabla\psi \, \nabla\boldsymbol{\phi}) \, \mathrm{d}v = \iint_s \psi \frac{\partial\boldsymbol{\phi}}{\partial n} \mathrm{d}s \tag{3-2}$$

上述格林定理可由高斯定理推出。式 3-1 中矢量 $\boldsymbol{F}$ 用 $\psi\nabla\boldsymbol{\phi}$ 代入，其中，ψ，ϕ 都是标量，$\nabla\boldsymbol{\phi}$ 是矢量。于是由式 3-1

$$左端 = \iiint_v \nabla \cdot (\psi\nabla\boldsymbol{\phi}) \, \mathrm{d}v = \iiint_v (\psi\nabla^2\boldsymbol{\phi} + \nabla\psi\nabla\boldsymbol{\phi}) \, \mathrm{d}v$$

$$而右端 = \iint_s (\psi\nabla\boldsymbol{\phi}) \cdot \boldsymbol{n} \, \mathrm{d}s = \iint_s \psi\nabla\boldsymbol{\phi} \cdot \boldsymbol{n} \, \mathrm{d}s = \iint_s \psi \frac{\partial\boldsymbol{\phi}}{\partial n} \mathrm{d}s$$

由式 3-1 左端=右端，便有格林定理。格林定理也可以写为：

$$\iiint_v \nabla\psi\nabla\phi \mathrm{d}v = -\iiint_v \psi\nabla^2\phi \mathrm{d}v + \iint_s \psi \frac{\partial\phi}{\partial n} \mathrm{d}s \tag{3-3}$$

格林定理在静电场和应力场的有限元方法中占有重要地位。

3.1.3 静电场能量

电荷密度 ρ 在其周围产生电位分布 ϕ。取少量电荷 $\delta\rho$ 由电

位为零的无穷远点移动过来便需做微小功:

$$\delta U = \iiint \phi \delta \rho \mathrm{d}v \qquad (3-4)$$

电荷密度与电位移矢量及电位与电场强度之间存在以下关系:

$$\nabla \cdot \boldsymbol{D} = \rho$$
$$\boldsymbol{E} = -\nabla \phi \qquad (3-5)$$

对于式 3-5 又可有以下关系:

$$\nabla \cdot \delta \boldsymbol{D} = \delta \rho$$

利用以下数学关系:

$$\nabla \cdot (\phi \delta \boldsymbol{D}) = \phi \nabla \cdot (\delta \boldsymbol{D}) + \delta \boldsymbol{D} \nabla \phi$$

代入式 3-5 可得到:

$$\nabla \cdot (\phi \delta \boldsymbol{D}) = \phi \delta \rho - \boldsymbol{E} \delta \boldsymbol{D} \qquad (3-6)$$

又从式 3-5 可以得到:

$$\iiint \rho \mathrm{d}v = \iiint \nabla \cdot \boldsymbol{D} \mathrm{d}v \qquad (3-7)$$

依据高斯定理:

$$\iiint \nabla \cdot \boldsymbol{D} \mathrm{d}v = \iint \boldsymbol{D} \cdot \boldsymbol{n} \mathrm{d}s = \iint D_n \mathrm{d}s$$

又可得到:

$$\iiint \rho \mathrm{d}v = \iint D_n \mathrm{d}s \qquad (3-8)$$

将式 3-6 代入式 3-4 中可得到:

$$\delta U = \iiint [\nabla \cdot (\phi \delta \boldsymbol{D}) + \boldsymbol{E} \cdot \delta \boldsymbol{D}] \mathrm{d}v$$

$$= \iiint \nabla \cdot (\phi \delta \boldsymbol{D}) \mathrm{d}v + \iiint \boldsymbol{E} \cdot \delta \boldsymbol{D} \mathrm{d}v$$

$$= \iint (\phi \delta \boldsymbol{D}) \cdot \boldsymbol{n} \mathrm{d}s + \iiint \boldsymbol{E} \cdot \delta \boldsymbol{D} \mathrm{d}v$$

$$= \iint \phi \delta D_n \mathrm{d}s + \iiint \boldsymbol{E} \cdot \delta \boldsymbol{D} \mathrm{d}v \qquad (3-9)$$

这时, 积分区域为无穷大时表面积分项为零, 则有:

$$\delta U = \iiint \boldsymbol{E} \cdot \delta \boldsymbol{D} \mathrm{d}v \qquad (3-10)$$

因此静电能便为：

$$U = \iiint \boldsymbol{E} \cdot \int (\delta \boldsymbol{D}) \, \mathrm{d}v = \frac{1}{2} \iiint \boldsymbol{E} \cdot \boldsymbol{D} \, \mathrm{d}v \qquad (3-11)$$

电位移矢量与电场强度之间存在以下关系：

$$\boldsymbol{D} = \varepsilon \boldsymbol{E} \qquad (3-12)$$

式中，ε 为介电常数。于是静电场的能量可表示为：

$$U = \frac{1}{2} \varepsilon \iiint |E|^2 \mathrm{d}v = \frac{1}{2} \varepsilon \iiint |\nabla \boldsymbol{\phi}|^2 \mathrm{d}v \qquad (3-13)$$

3.2　变分与微分

众所周知，利用函数的导数或微分可以求其极小点或极大点。因此求函数极值点的问题就是求导数或微分问题。我们将函数的函数称为泛函。例如函数 $u(x)$ 是自变量 x 的函数，而泛函 $L[u(x)]$ 则是以函数 $u(x)$ 当做自变量的函数。求泛函的极值问题就称为求其变分问题。表 3-1 将微分与变分做一比较。

表 3-1　微分与变分的比较

微　　分	变　　分
函数 u 是自变量 x 的函数 $u = u(x)$	u 是自变量为 x 的函数，泛函 L 是 $u(x)$ 的函数 $L = L[u(x)]$
微分 $\mathrm{d}u = \left[\lim\limits_{\Delta x \to 0} \dfrac{u(x + \Delta x) - u(x)}{\Delta x} \right] \mathrm{d}x$	变分 $\delta L = \left[\lim\limits_{\delta u \to 0} \dfrac{L(u + \Delta u) - L(u)}{|\delta u|} \right] |\delta u|$
极小点 $\mathrm{d}u = 0$	极小点 $\delta L = 0$
在极小点上 $\mathrm{d}^2 u > 0$	在极小点上 $\delta^2 L > 0$

3.3　格林定理在静电场中的应用

3.3.1　场域中不存在电荷时的泛函 $L(\phi)$

静电场中的泊松（Poission）方程为 $\Delta \phi = -\rho/\varepsilon$。当电荷密

度为零，即 $\rho = 0$ 时，则就是拉普拉斯（Laplace）方程 $\Delta\phi = 0$。因此求解上述微分方程及给定边界条件的问题就成为所谓边界值问题。这一边界值问题与静电场能量极小值密切相关。此时泛函 $L(\phi)$，即取静电场能量 $U(\phi)$，应取下式：

$$U = \iiint \frac{\varepsilon}{2} \mid \nabla \phi \mid^2 dv$$

电场能量的极小值可由式 3 – 13 得到：

$$\delta U = \varepsilon \iiint_v \nabla \phi \delta \nabla \phi dv = \varepsilon \iiint_v \nabla \delta\phi \nabla \phi dv \qquad (3-14)$$

又利用格林定理可以得到：

$$\delta U = -\varepsilon \iiint_v \delta\phi \Delta\phi dv + \varepsilon \iint_L \delta\phi \frac{\partial\phi}{\partial n} ds = 0 \qquad (3-15)$$

因此对任意 $\delta\phi$ 而言，式 3 – 15 成立的条件为：

$$\Delta\phi = 0$$

$$\frac{\partial\phi}{\partial n} = 0 \qquad (3-16)$$

这就是拉普拉斯方程和场的自然边界条件。也就是说求解拉普拉斯方程并满足自然边界条件的问题变成一个等价求静电场能量的极小值问题。在这种情况下可以设泛函 $L = U$，求能量极小值就是求泛函 L 的极小值。

3.3.2　场域中存在电荷时泛函 $L(\phi)$

当场域中存在电荷时，此时下列泊松方程成立：

$$\nabla^2\phi = -\rho/\varepsilon \qquad (3-17)$$

边界条件可表示为：

$$\left(\varepsilon \frac{\partial\phi}{\partial n} + \alpha\phi \right)_L = g \qquad (3-18)$$

也就是当场中有电荷存在时，求解泊松方程并满足边界条件 $\left(\varepsilon \frac{\partial\phi}{\partial n} + \alpha\phi \right)_L = g$ 的解就等价于求解下列泛函数的变分 $\delta L = 0$。

此时泛函 $L(\phi)$ 应取下式：

$$L(\phi) = \iiint \frac{\varepsilon}{2} |\nabla\phi|^2 dv - \iiint \rho\phi dv + \iint_s \left(\frac{1}{2}\alpha\phi^2 - g\phi\right) ds$$

$$(3-19)$$

利用格林定理可以得到证明：取上式泛函的极值

$$\delta L(\phi) = -\varepsilon\iiint \delta\phi\Delta\phi dv + \varepsilon\iint \delta\phi \frac{\partial\phi}{\partial n} ds - \iiint \rho\delta\phi dv +$$

$$\iint (\alpha\phi\delta\phi - g\delta\phi) ds$$

$$= -\varepsilon\iiint \left(\delta\phi\Delta\phi + \frac{\rho\delta\phi}{\varepsilon}\right) dv + \iint \delta\phi\left[\varepsilon\left(\frac{\partial\phi}{\partial n}\right) + \alpha\phi - g\right] ds$$

$$= -\varepsilon\left[\iiint \delta\phi\left(\Delta\phi + \frac{\rho}{\varepsilon}\right)\right] dv + \iint \delta\phi\left[\varepsilon\frac{\partial\phi}{\partial n} + \alpha\phi - g\right] ds = 0$$

$$(3-20)$$

要满足 $\delta L = 0$，对任意 $\delta\phi$ 必有下列两式：

（1） $\Delta\phi + \frac{\rho}{\varepsilon} = 0$，即 $\Delta\phi = -\frac{\rho}{\varepsilon}$，这就是泊松方程。

（2） $\varepsilon\frac{\partial\phi}{\partial n} + \alpha\phi - g = 0$，这就是说边界条件自动得到满足，其中 $\alpha\phi = g$ 称为强制边界条件或第一类边界条件。第一类边界条件就是强制规定边界上的电位。$\frac{\partial\phi}{\partial n} = 0$ 成为自然边界条件或第二类边界条件。

3.4 格林定理在应力场中的应用

3.4.1 由格林定理推导实际正应力的周向分布规律的第一种方法

胡克定律表示为：

$$\sigma_{ij} = 2\mu e_{ij} + \lambda\delta_{ij}\delta \qquad (3-21)$$

式中，σ_{ij} 和 e_{ij} 分别是真实且实际的应力和应变；$\delta = e_{11} + e_{22} + e_{33}$ 为体膨胀量；μ 和 λ 分别是剪切模量和拉美系数；δ_{ij}：

$$\delta_{ij} = \begin{cases} 0 & i \neq j \\ 1 & i = j \end{cases}$$

对于平面应变场，则有下式：

$$\sigma_{11} = (2\mu + \lambda)e_{11} + \lambda e_{22} \qquad \sigma_{22} = (2\mu + \lambda)e_{22} + \lambda e_{11}$$

这样 $\sigma_{11} + \sigma_{22} + \sigma_{12} = 2\mu(e_{11} + e_{22} + e_{12}) + 2\lambda(e_{11} + e_{22})$

令 $\phi = \sigma_{11} + \sigma_{22}$，$\chi = e_{11} + e_{22}$，$\phi$ 与 χ 都是实际值，则 ϕ 与 χ 成正比，$\phi = 2(\mu + \lambda)\chi$

又

$$\begin{aligned}
\nabla^2(\phi\chi) &= \nabla \cdot \nabla(\phi\chi) = \nabla \cdot (\phi\nabla\chi + \chi\nabla\phi) \\
&= \nabla\phi\nabla\chi + \phi\nabla^2\chi + \chi\nabla^2\phi + \nabla\chi\nabla\phi \\
&= 2(\nabla\chi\nabla\phi + \chi\nabla^2\phi)
\end{aligned} \qquad (3-22)$$

根据格林定理（式 3 - 3），并结合式 3 - 22 可得：

$$\frac{1}{2}\iint\limits_{s} \nabla^2(\phi\chi)\,ds = \oint\limits_{L} \chi\nabla\phi \cdot \boldsymbol{n}\,dl \qquad (3-23)$$

取泛函

$$L = \frac{1}{2}\iint\limits_{s} \nabla^2(\phi\chi)\,ds \qquad (3-24)$$

$\phi\chi/2$ 为微小单元 ds 中的正应变能，L 便是面积 S 中的全体应变能。这与静电场 U 是一致的，因此 L 都称为泛函 求其变分，对式 3 - 24 左端：

$$\begin{aligned}
\frac{\partial L}{\partial \chi} &= \frac{1}{2}\iint\limits_{s} \frac{\partial}{\partial\chi}\nabla^2(\phi\chi)\,ds = \frac{1}{2}\iint\limits_{s} \nabla^2\frac{\partial(\phi\chi)}{\partial\chi}\,ds \\
&= \frac{1}{2}\iint\limits_{s} \nabla^2\left(\frac{\partial\phi}{\partial\chi}\chi + \phi\right)ds = \frac{1}{2}\iint\limits_{s} [(2\mu + \lambda)\nabla^2\chi + \nabla^2\phi]\,ds \\
&= \iint\limits_{s} \nabla^2\phi\,ds
\end{aligned} \qquad (3-25)$$

式中，$\nabla^2\phi = \nabla^2(\sigma_{11} + \sigma_{22})$。

使变分 $\dfrac{\partial L}{\partial \chi} = \iint\limits_{s} \nabla^2\phi\,ds = 0$，满足能量极小值为零的条件，即系统处于能谷态，做最小功。

令式 3 - 23 右端 $= L$，也取其变分：

$$\frac{\partial L}{\partial \chi} = \frac{\partial}{\partial \chi} \oint_{L} \chi \nabla \phi \cdot \boldsymbol{n} dl = \oint_{L} \frac{\partial}{\partial \chi} (\chi \nabla \phi \cdot \boldsymbol{n}) dl = \oint_{L} \nabla \phi \cdot \boldsymbol{n} dl$$

让变分 $\dfrac{\partial L}{\partial \chi} = 0$，故 $\oint_{L} \nabla \phi \cdot \boldsymbol{n} dl = 0$，即 $\oint_{L} \nabla (\sigma_{11} + \sigma_{22}) \cdot \boldsymbol{n} dl = 0$。

式 3-3 中当 $\psi = \text{const}$（只对该式而言），便可以得到格林定理的最简单的形式：

$$\iint_{s} \nabla^2 \phi ds = \oint \nabla \phi \boldsymbol{n} dl$$

即

$$\oint \nabla \phi \boldsymbol{n} dl = \iint \nabla^2 \phi ds$$

则立即可以得到：

$$\oint \nabla (\sigma_{11} + \sigma_{22}) \boldsymbol{n} dl = \iint \nabla^2 (\sigma_{11} + \sigma_{22}) ds = 0 \qquad (3-26)$$

也就是说，左式 $\oint \nabla (\sigma_{11} + \sigma_{22}) \boldsymbol{n} dl = 0$ 与 $\iint \nabla^2 (\sigma_{11} + \sigma_{22}) ds = 0$ 相伴共存需由格林定理推出。左式是获得实际应力的重要判据。

因为极坐标中的 σ_{rr}、$\sigma_{\theta\theta}$ 和笛卡儿坐标中的 σ_{11}、σ_{22} 存在如下的关系：

$$\sigma_{rr} = \sum_{lm} T_{rl} T_{rm} \sigma_{lm} = T_{r1} T_{r1} \sigma_{11} + T_{r2} T_{r2} \sigma_{22} + T_{r1} T_{r2} \sigma_{12} + T_{r2} T_{r1} \sigma_{21}$$

$$= \cos^2\theta \sigma_{11} + \sin^2\theta \sigma_{22} + 2\sin\theta\cos\theta \sigma_{12}$$

$$\sigma_{\theta\theta} = \sum_{lm} T_{\theta l} T_{\theta m} \sigma_{lm} = T_{\theta 1} T_{\theta 1} \sigma_{11} + T_{\theta 2} T_{\theta 2} \sigma_{22} + T_{\theta 1} T_{\theta 2} \sigma_{12} + T_{\theta 2} T_{\theta 1} \sigma_{21}$$

$$= \sin^2\theta \sigma_{11} + \cos^2\theta \sigma_{22} - 2\sin\theta\cos\theta \sigma_{12}$$

式中，T_{rl}，$T_{\theta l}$ 是 x_r，x_{θ} 和 x_l（θ，$l = 1$，2）的方向余弦。因此有：

$$\sigma_{rr} + \sigma_{\theta\theta} = \sigma_{11} + \sigma_{22}$$

于是：

$$\oint_{l} \nabla (\sigma_{11} + \sigma_{22}) \cdot \boldsymbol{n} dl = \oint_{l} \nabla (\sigma_{rr} + \sigma_{\theta\theta}) \cdot \boldsymbol{n} d\theta$$

$$= \oint_{l} \frac{\partial}{\partial n} (\sigma_{rr} + \sigma_{\theta\theta}) d\theta = 0 \qquad (3-27)$$

式 3 – 27 的积分区间还可依圆环受力的对称性而缩减,见第 9 章。这也是获得实际真正正应力 $\sigma_{\theta\theta}$ 和 σ_{rr} 的重要判据。但这是必要条件而不是充分条件。积分区间还可依力对称性缩减。

3.4.2 由格林定理推导实际正应力的周向分布规律的第二种方法

设 $\phi = \sigma'_{\theta\theta} + \sigma'_r$,于是 $\nabla^2\phi = \nabla^2(\sigma'_{\theta\theta} + \sigma'_r)$。$\sigma'_{\theta\theta} + \sigma'_r$ 可能是按照某种算法得到的周向和径向正应力。现在要看这种算法的结果是否正确,是否能得出实际真正正应力,正确的结果怎样才能得到呢? 这要依靠格林定理来解决。请看下式:

$$\frac{1}{2}\left|\iint\nabla^2\phi ds\right|^2 = \frac{1}{2}\left|\int dr\int\nabla^2\phi dl\right|^2$$

它具有能量量纲,这如同 $\frac{1}{2}|\phi|^2$ 一样。这里假设弹性模量为 $2(\mu + \lambda)$,因此 $\left|\iint\nabla^2\phi ds\right|$ 与整个系统的正应力有关。按照格林定理:

$$\iint\nabla^2\phi ds = \oint\frac{\partial}{\partial n}\phi dl = \oint\frac{\partial}{\partial n}(\sigma'_{\theta\theta} + \sigma'_r)dl = \frac{\partial}{\partial n}\oint(\sigma'_{\theta\theta} + \sigma'_r)dl$$

$$(3 - 28)$$

可以看出,上式右端 $\oint(\sigma'_{\theta\theta} + \sigma'_r)dl$ 整体可能会有很高的能量,例如 $\sigma'_{\theta\theta} = g(r)\cos\theta, \sigma'_r = h(r)\cos\theta$,其中 $\theta = -\pi/2 \sim \pi/2$,但是当 ϕ_c 与 ϕ 有相同符号,且 $|\phi_c| \leqslant |\phi|_{max}$,那么 $\phi - \phi_c$ 或 $\frac{\partial}{\partial n}\oint(\phi - \phi_c)dl$ 分别替代 ϕ 或 $\frac{\partial}{\partial n}\oint\phi dl$ 将会大大降低整体能量。因为 $\phi - \phi_c$ 在 ϕ_c 邻近变化,整体积分就小了。当下式:

$$\frac{\partial}{\partial\phi}\left[\oint(\phi - \phi_c)^2/2dl\right] = \oint\frac{\partial}{\partial\phi}\left[(\phi - \phi_c)^2/2\right]dl$$

$$= \oint(\phi - \phi_c)\frac{\partial}{\partial\phi}(\phi - \phi_c)dl$$

$$= \oint(\phi - \phi_c)dl = 0 \qquad (3 - 29)$$

或

$$\frac{\partial}{\partial \phi}\left[\frac{1}{2}\left|\frac{\partial}{\partial n}\oint(\phi - \phi_c)\,\mathrm{d}l\right|^2\right] = \frac{\partial}{\partial n}\left[\oint(\phi - \phi_c)\,\mathrm{d}l\right] = 0$$

$$(3-30)$$

成立时，正应力系统便处于能谷态，以做最小功。此时，正应力
系统很稳定，即有：

$$\frac{1}{2}\oint(\phi - \phi_c)^2\,\mathrm{d}l = U'_{\min} \qquad \oint(\phi - \phi_c)\,\mathrm{d}l = 0$$

还有：

$$\frac{1}{2}\left|\frac{\partial}{\partial n}\oint(\phi - \phi_c)\,\mathrm{d}l\right|^2 = U_{\min}$$

$$\oint\frac{\partial}{\partial n}(\phi - \phi_c)\,\mathrm{d}l = \frac{\partial}{\partial n}\oint(\phi - \phi_c)\,\mathrm{d}l = 0 \qquad (3-31)$$

此时，$|\theta| \leqslant \pi/2$。

式 3-31 称为周向约束条件。关键是确定 ϕ_c，例如 $\sigma'_{\theta\theta} = g(r)\cos\theta$，$\sigma'_{rr} = h(r)\cos\theta$ 时，$\phi_c = 2/\pi$。此时：

$$\int_0^{\pi/2}(\phi - \phi_c)\,\mathrm{d}l = \int_0^{\pi/2}[g(r) + h(r)](\cos\phi - 2/\pi)\,\mathrm{d}l = 0$$

所以正应力分别应为：

$$\sigma_{\theta\theta} = g(r)(\cos\theta - 2/\pi) \quad \text{和} \quad \sigma_{rr} = h(r)(\cos\theta - 2/\pi)$$

而不是 $\sigma'_{\theta\theta} = g(r)\cos\theta$，$\sigma'_{rr} = h(r)\cos\theta$。因为 $\sigma'_{\theta\theta}$ 和 σ'_{rr} 不满足能
谷条件，因此不是实际真正的应力。实际真正的应力除了满足能
谷条件外，还要满足宏观和微观力的平衡条件。此时：

$$\sigma_{\theta\theta}(r) = g(r)(\cos\theta - 2/\pi) + C = g(r)(\cos\theta - 2/\pi) + 2B/(1 - \alpha_i)$$

又 $$\partial C/\partial n = 0$$

所以满足约束条件。本书已证明该式满足宏观和微观力的平衡条
件，在此不再赘述，详见 4.4 节。这时 $\oint(\phi - \phi_c)\,\mathrm{d}l \approx 0$ 且 $U'_{\min}$
略高于 $U_{\min} = \dfrac{1}{2}\left|\dfrac{\partial}{\partial n}\oint(\phi - \phi_c)\,\mathrm{d}l\right|^2$。后者处于真正的能谷条
件。这是由格林定理确定的。

3.5 自然界中最小功法则

自然界存在各种各样的物理现象、化学现象、社会现象，例如水从山顶沿小溪往下流，有时碰到溪边的石头或某处地势抬高了，那么水就会绕过石头或翻越抬高处继续往下流。石头哪一侧阻力小，水就从哪一侧流动，以做功最小。同样水也会仅仅擦着抬高处流过，而不是跳跃很高流过。虽然支配水流动的规律是重力，但水不会按重力加速度往下流。

3.5.1 电流场

电流场中电流流动要遵守欧姆定律。电流由高电压处往低电压处流。这个规律是不能改变的，但是存在电阻。当导线电阻率均匀时，电流也是均匀的，这说明此时做最小功。当导线电阻率不均匀时，电流也是不均匀的。电阻率小处，电流密度大，此时也是受做最小功支配。如果平面场域是方形的，其中有两点分别注入正电流和负电流。电流注入点在对角线上不同位置时便有不同的电势分布，如图 3 - 7 所示，而且所有的等势线当接近边界时，都必须垂直边界。这由边界条件确定，因为边界上无法向电流流出。边界条件上只有平行向电流。这时不同电势分布都满足拉氏方程及边界条件，但它们的分布不同，或者说拉氏方程有不同的解。之所以电势有不同的分布，是因为电流流动要做最小功。

3.5.2 有限元理论推导范德堡方程

为说明电流场中电流流动要做最小功的问题，以有限元理论推导范德堡方程作为一实例得到印证。下面引入泛函及其极小值概念就是做最小功问题，从而使系统处于能谷态。这一点已在3.3 节中进行了详细的解释。

Van der Pauw 曾提出以下公式适用于触点在样品边缘时的情况：

$$\exp\left(-\frac{\pi R_1}{R_s}\right) + \exp\left(-\frac{\pi R_2}{R_s}\right) = 1 \qquad (3-32)$$

$$R_s = \frac{\pi}{2\ln 2}\left(\frac{V_1 + V_2}{I}\right)f(V_1/V_2) \tag{3-33}$$

式中，R_s 是任意形状的均匀薄层电阻；当四个探针或触点位于样品边缘时，$R_1 = \dfrac{V_1}{I}$，$R_2 = \dfrac{V_2}{I}$；V_1，V_2 为两次测量中探针 C，D 和 B，C 的电压。

电流从探针 A 流入，流经样品平面后从另一探针 B 流出，如图 3-1 所示。围绕探针 A 在样品面上做一任意封闭面，由欧姆定律有：

$$\oiint \boldsymbol{E} \cdot \mathrm{d}\boldsymbol{S} = \oiint \frac{\boldsymbol{j}}{\sigma} \cdot \mathrm{d}\boldsymbol{S} = \frac{I}{\sigma} \tag{3-34}$$

式中，$\boldsymbol{E}$ 为电场强度；$\mathrm{d}\boldsymbol{S}$ 为面元矢量；σ 为样品材料的电导率；I 为由 A 点注入并流经样品的电流强度。由奥-高定理可知，在探针 A 处有正电荷：

$$q_A = \frac{I}{\sigma} \tag{3-35}$$

同样在探针 B 处应有负电荷：

$$q_B = -\frac{I}{\sigma} \tag{3-36}$$

这样可把电流场问题转化成静电场问题进行处理，电流场中电势分布即为静电场中的电势分布，整个区域的边值问题为求解泊松方程：

$$\Delta u = -\rho_e \tag{3-37}$$

令 $f = -\rho_e$，则 $\Delta u = f$。

边界条件：

$$\frac{\partial u}{\partial \boldsymbol{n}} = 0$$

式中，$\boldsymbol{n}$ 为边界的单位法向矢量；ρ_e 为电荷的面密度。

在有限元方法中，将求解区域剖分成三角形单元。为了计算方便，假设电荷 q_A，q_B 均匀分布在探针节点周围的六个三角形单元中，设 S 为这些三角形单元面积的总和，如图 3-1 所示，则：

$$\rho_e = \begin{cases} q_A/S & \text{探针 A 周围的各单元} \\ q_B/S & \text{探针 B 周围的各单元} \\ 0 & \text{其余各单元} \end{cases}$$

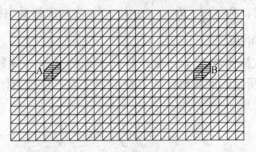

图 3-1　样品面的剖分及电荷在电流流入探针 A 及流出探针 B
附近相关三角形单元中的分布（阴影区）

有限元方法中利用变分原理将上面边值问题转换为泛函 $L(u)$ 的极值问题（见 3.3 节）：

$$L(u) = \int_v \frac{1}{2} (\nabla u)^2 dv - \int_v f u dv = \min \qquad (3-38)$$

其中边界条件 $\frac{\partial u}{\partial n} = 0$ 自然满足。

区域剖分后可以得 n 个节点，其中任一点的电势 u 近似用节点电势值 u_1，u_2，…，u_n 展开

$$u = \sum_{i=1}^{n} u_i N_i \qquad (3-39)$$

式中，N_i 叫形函数或基函数，只与剖分单元形状有关。

求泛函极小值，$\delta L(u) = 0$，即：

$$\frac{\partial L}{\partial u} = 0 \qquad (3-40)$$

将式 3-39 代入式 3-38，并令泛函 $L(u)$ 对每一变量 u_i 的偏导数为零，则有：

$$\sum_{i=1}^{n} S_{ij} u_i = F_i \qquad (i = 1, 2, \cdots, n) \qquad (3-41)$$

式中，$S_{ij} = \int_v \nabla N_i \nabla N_j \mathrm{d}v$，$F_i = \int_v f N_i \mathrm{d}v$。

这是一个 n 阶线性方程组，可以写成如下矩阵形式：

$$[S_{ij}] \begin{bmatrix} u_1 \\ u_2 \\ \vdots \\ u_n \end{bmatrix} = \begin{bmatrix} F_1 \\ F_2 \\ \vdots \\ F_n \end{bmatrix} \qquad (3-42)$$

这样把有关电势 u 的微分方程变成关于节点电势 u_1，u_2，$\cdots$，u_n 的线性方程组。这是样品上的电势分布与电阻率的方程。由测得样品上的若干点电势分布，可进一步反演得到样品的均匀电阻率。以正方形样品为例，$+$ 和 $-$ 为电流注入点，得到边缘电位 U_1 及 U_2（单位为 IR_s/π）分布，如图 3-2 所示，满足

$$\exp(-U_1) + \exp(-U_2) = \sqrt{2}$$

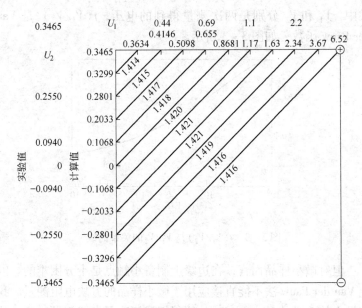

图 3-2　我们得到的方形样品边缘电位分布

（计算与测试结果一致）

由此可推出范德堡方程:

$$\exp(-\pi V_1/IR_s) + \exp(-\pi V_2/IR_s) = 1$$

式中,$V_1 = (U_1 + 0.3465)IR_s/\pi$;$V_2 = (U_2 + 0.3465)IR_s/\pi$;$V_1 - V_2 = (U_1 - U_2)IR_s/\pi$;$V_1$,$V_2$ 分别是方形样品的边缘电位。

3.5.3 改进的范德堡法的推导

3.5.3.1 改进的范德堡法的要领

Van der Pauw 曾对任意形状样品,当触点在边界上任意位置时证明下面公式成立:

$$\exp\left(-\frac{\pi V_1}{IR_s}\right) + \exp\left(-\frac{\pi V_2}{IR_s}\right) = 1 \qquad (3-43)$$

$$R_s = \frac{\pi}{2\ln 2}\left(\frac{V_1 + V_2}{I}\right)f\left(\frac{V_1}{V_2}\right) \qquad (3-44)$$

式中,V_1 和 V_2 分别是两次测量得到的电压;$f(V_1/V_2)$ 是 Van der Pauw 函数,如图 3-3 所示。

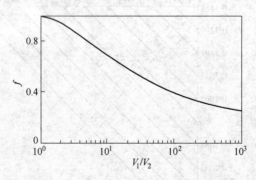

图 3-3 $f(V_1/V_2)$ 与 V_1/V_2 的关系曲线

但对微小样品而言,在边缘上制备小触点是十分困难的。因此 Van der Pauw 法不能直接应用于微小样品的方块电阻测量。我们提出的改进的 Van der Pauw 法很好地解决了上述问题,且成功地应用于微小样品的方块电阻测量。这一方法的要点是:在显微镜帮助下用目视法只要保证四探针尖分别置于方形微小样品面上的内切圆外四个角区，如图 3 - 4 所示，就可以正确测出它的方块电阻，不需要测定探针的几何位置。

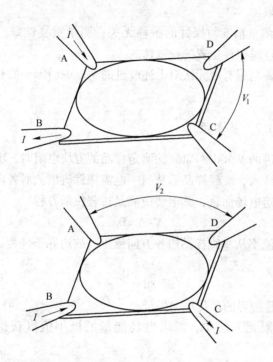

图 3 - 4 改进的 Van der Pauw 法示意图

第一次测量时，用探针 A、B 作为通电流探针，电流为 I，探针 D、C 作为测电压探针，其间电压为 V_1；第二次测量时用探针 B、C 作为通电流探针，电流仍为 I，探针 A、D 作为测电压探针，其间电压为 V_2；然后依次以探针 C，D 和 D，A 作为通电流的探针，相应测电压的探针 B，A 和 C，D 间电压分别为 V_3 和 V_4。由四次测量可得样品的方块电阻为：

$$R_s = \frac{1}{4} \sum_{n=1}^{4} \frac{\pi}{2\ln2} \left(\frac{V_n + V_{n+1}}{I} \right) f\left(\frac{V_{n+1}}{V_n} \right) \qquad (3-45)$$

其中，$f(V_{n+1}/V_n)$ 即为 Van der Pauw 函数。这一方法的特点是：

（1）四根探针从四个方向分别由操纵架伸出到样品上，探针杆有足够的刚性。探针间距取决于探针针尖的半径，不受探针杆直径所限。

（2）测量精度与探针的游移无关；测量重复性好，无需保证重复测量时探针位置的一致性。

下面将利用有限元法对上述改进的 Van der Pauw 的有效性进行证明。

3.5.3.2　基本原理

用改进的 Van der Pauw 法测定样品的方块电阻时，电流从一通电探针注入，流经样品后从另一电流探针流出。对各向同性导体中的恒定电场而言，其电势应满足拉普拉斯方程

$$\nabla^2 \phi = 0 \qquad (3-46)$$

因电流不从垂直样品边界方向流出，故边界条件为：

$$\frac{\partial \phi}{\partial n} = 0$$

式中，n 是边界的单位法向矢量。

在有限元方法中，需求电场能量的极小值以获得电势分布，即：

$$U = \frac{1}{2}\varepsilon \iiint_v |E|^2 \mathrm{d}v = \frac{1}{2}\varepsilon \iiint_v |\nabla \phi|^2 \mathrm{d}v = \min \qquad (3-47)$$

或取变分：

$$\delta U = \varepsilon \iiint_v \nabla \phi \delta \nabla \phi \mathrm{d}v = \varepsilon \iiint_v \nabla \delta \phi \nabla \phi \mathrm{d}v = 0 \qquad (3-48)$$

这一过程等价于求解拉普拉斯方程：

$$\nabla^2 \phi = 0$$

并满足边界条件：

$$\frac{\partial \phi}{\partial n} = 0$$

因此利用有限元方法获得的样品中的电位分布是严格的。边界条件自动得到满足，且不受样品形状的制约。所以对有限尺寸的样品而言，探针的边缘效应便自动考虑在其中。将方形样品划分成 800 个三角形单元，441 个节点，如图 3 − 5 所示。

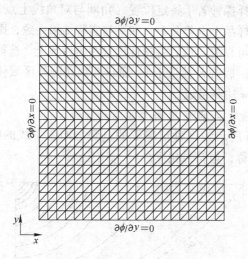

图 3 − 5　网格的剖分与边界条件

利用有限元通用程序 SAP84 来获得各节点的电势。按这一程序要求编制计算机输入卡时，规定了如图 3 − 5 所示的边界条件以及电流注入探针的节点号。为方便起见，将计算机所得到的电势值以 IR_s^0/π 为单位输出。R_s^0 是设置的样品的方块电阻。

对应改进的 Van der Pauw 法四次测量，需要进行四次有限元计算，分别得到相应测电压探针上的 U_1，U_2，U_3，U_4 四个值，代入式 3 − 49，计算得到的方块电阻为：

$$R_s = \frac{1}{4} \sum_{n=1}^{4} \frac{\pi}{2\ln 2} \left[\frac{U_n(IR_s^0/\pi) + U_{n+1}(IR_s^0/\pi)}{I} \right] f\left(\frac{U_{n+1}}{U_n}\right)$$

$$= \frac{R_s^0}{8\ln 2} \sum_{n=1}^{4} (U_n + U_{n+1}) f\left(\frac{U_{n+1}}{U_n}\right) = KR_s^0 \qquad (3-49)$$

其中：

$$K = \frac{1}{8\ln 2}\sum_{n=1}^{4}(U_n + U_{n+1})f\left(\frac{U_{n+1}}{U_n}\right) \qquad (3-50)$$

当 $K=1$ 或接近于 1 时，则计算的 K 值等于设置的 K 值，这表明改进的 Van der Pauw 法成立。

首先选择探针若干特定位置（角隅与对角线上点），利用有限元法计算样品上电势分布。如果与实验结果一致，则说明这种计算结果是可靠的。然后将探针设置在内切圆上，选择若干典型点进行计算。假若 K 接近于 1，则证明内切圆外区域使用改进的 Van der Pauw 法测量成立。

A　电流注入点在角隅上的电势分布

图 3-6 所示为这种情况下的电势分布。中线的电势为零，上下电势对称，但符号相反。

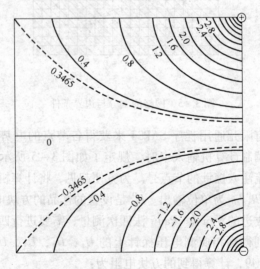

图 3-6　电流注入点在角隅时（$r=r_0$）的电势分布

左边两角隅的电势为 $\pm 0.3465(IR_s^0/\pi)$，其电势差为 0.6930 (IR_s^0/π)。这符合 Van der Pauw 的结果。因为用 Van der Pauw 法测量时，这种情况下，$V_1 = V_2 = V$，$f(V_1/V_2) = 1$，由式 3-49 可得：

$$V = \ln 2 (IR_s^0/\pi) = 0.649 IR_s^0/\pi \qquad (3-51)$$

还示出计算得到的样品边界上的电势（图3-2），并与实验结果作了比较。又在样品上画了一个系列45°的直线，分别与边界相交两点。该两点上的电势 U_1 和 U_2 均符合下式（图3-2）：

$$\exp(-U_1) + \exp(-U_2) = \sqrt{2} \qquad (3-52)$$

即：

$$\exp[-(U_1+0.3465)] + \exp[-(U_2+0.3465)] = 1 \qquad (3-53)$$

令

$$V_1 = (U_1+0.3465)IR_s^0/\pi, \quad V_2 = (U_2+0.3465)IR_s^0/\pi$$

代入式3-53可得：

$$\exp\left(-\frac{\pi V_1}{IR_s^0}\right) + \exp\left(-\frac{\pi V_2}{IR_s^0}\right) = 1 \qquad (3-54)$$

在用 Van der Pauw 法第一次测量时，如果把通电流探针 A，B 放在右边两角上，测电压探针 C 放在电势为 U_1 的那点上，另一探针 D 置于左下角，其电势为 -0.3465。这样，探针 C，D 间的电势差为 $V_1 = (U_1+0.3465)IR_s^0/\pi$。第二次测量时，下边的两个探针 D，A 作通电流探针，电流不变，右上角探针 B 的电势应为 -0.3465，探针 C 的电势为 U_2，故探针 C，B 间的电势差应为：

$$V_2 = (U_2+0.3465)IR_s^0/\pi$$

由此可见，式3-52正是 Van der Pauw 方程式3-54。由图3-6可以看出，这一计算结果还与实验结果相符。这说明 Van der Pauw 理论的正确性，也说明有限元法计算的正确性。

B　电流注入点在对角线上的电势分布

设样品的对角线长度的 1/2 为 r_0，两通电探针对称地置于对角线上，样品中心到它们之间的距离为 r。设 $r/r_0 = 0.9, 0.8, \cdots, 0.1$，用 SAP84 分别计算样品上的电势分布，如图3-7所示。如果把测电压的探针也置于通电流探针的对称位置上，则构成一个方块形四探针。

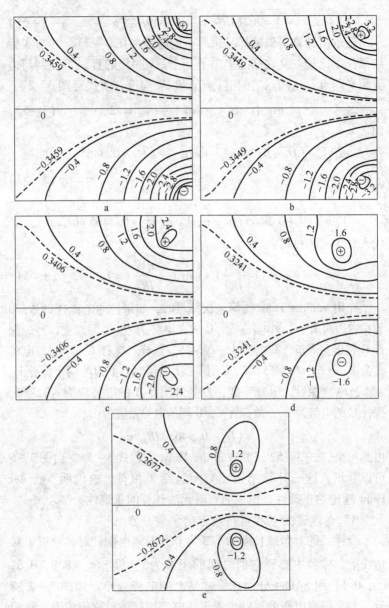

图 3-7　电流注入点在对角线上不同位置时的电势分布

a—$r = 0.9r_0$；b—$r = 0.8r_0$；c—$r = 0.7r_0$；d—$r = 0.6r_0$；e—$r = 0.4r_0$

样品方块电阻与测电压探针间的电压降 V 有如下关系:

$$R_s^0 = C(V/I)$$

其中, C 称作修正系数:

$$C = \frac{IR_s^0}{V} = \frac{IR_s^0}{U(IR_s^0/\pi)} = \frac{\pi}{U} \qquad (3-55)$$

式中, U 为测电压探针间的电压降,以 IR_s^0/π 为单位。图 3-8 示出计算得到的修正系数 C 与 r 的关系曲线,与实验结果符合得很好。其中曲线 A 是 Keywell 利用无限系列镜像源理论得到的,曲线 B 是 Mircea 利用图形变换理论得到的。曲线 A 与实验结果有很大偏差,说明前一种理论似不恰当。$r = 0.707r_0$ 是内切圆的半径。由图 3-7 可以看出,内切圆外曲线是平坦的,修正系数 C 近似为常数 4.53。而 Keywell 的曲线是陡峭的。

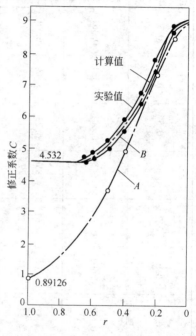

图 3-8 修正系数 C 与 r 的关系

用改进的 Van der Pauw 法测量方块电阻时,假若四探针对称地置于对角线上,则四次测得的电压降是相同的,因此,$f(U_{n+1}/U_n) = 1$,则由式 3-50 所得 $K(r)$ 为:

$$K(r) = \frac{1}{4} \sum_{n=1}^{4} \frac{U_n(r) + U_{n+1}(r)}{2\ln 2} f\left(\frac{U_{n+1}}{U_n}\right) = \frac{U_n(r)}{\ln 2}$$

$$(3-56)$$

式中, $U_n(r)$ 是第 n 次测量时两侧电压探针间的电压降。表 3-2 中示出计算得到的和实验得到的 K 值和修正系数 C。

表 3-2 K 和修正系数 C 的计算值和实验值

r/r_0		1	0.9	0.8	0.7	0.6	0.5	0.4	0.3	0.2	0.1
计算的 $U(r)$ (IR_s^0/π)		0.693	0.693	0.692	0.682	0.648	0.601	0.534	0.462	0.402	0.367[1]
C	计算值	4.53	4.53	4.54	4.61	4.85	5.23	5.88	6.80	7.81	8.55[1]
	实验值	4.53	4.53	4.54	4.55	4.79	5.15	5.64		7.59	8.90
K	计算值	1	1	0.998	0.984	0.935	0.867	0.870	0.607	0.580	0.53[1]
	实验值	1	1	0.998	0.995	0.946	0.88	0.804		0.597	0.509
改进的 Van der Pauw 法的适用性			适 用					不适用			

① $r/r_0 = 0.1$ 时，由于网格稀疏带来较大误差。

由表 3 – 2 可以看出：

（1）有限元法的计算值与实验值基本一致，因此这一计算式是可以信赖的。计算的精确度取决于网格的划分，网格划分越细，则计算精确度越高，与实验结果越接近。

（2）探针对称地置于对角线上时，只要它们在内切圆外 $r \geqslant 0.707r_0$，实验 K 值大于 0.995，用改进的 Van der Pauw 法测得的方块电阻低估不大于 0.5%。

C 四探针均在内切圆上的情况

我们不可能对圆上随机的各种位置进行计算，比较可行的是选择下列四种情况作典型计算，以代表可能出现的各种情况。探针 A、B、C、D 在内切圆上以逆时针顺序分布。

（1）探针 A、D 以顺时针方向，而 B、C 以逆时针方向偏离对角线 8°（8°探针正好在网格节点上）。

（2）探针 A、B、C、D 都逆时针方向偏离对角线 8°。

（3）探针 B、C、D 逆时针，而 A 顺时针方向偏离对角线 8°。

（4）探针 A、C 以顺时针方向，而 B、D 以逆时针方向偏离对角线 8°。

对应改进的 Van der Pauw 法的四次测量，电流 I 分别从 AB、BC、CD、DA 注入样品。用 SAP84 程序分别计算出相应测试点 DC、AD、BA、CB 间的电压降 U_1、U_2、U_3、U_4。表 3 – 3 示出上述四种情况下的各计算值。于是对各种情况均有：

$$K = \frac{1}{4} \sum_{n=1}^{4} \frac{(U_n + U_{n+1})}{2\ln 2} f\left(\frac{U_{n+1}}{U_n}\right)$$

对应上述四种情况分别得到 $K = 0.990$，0.995，0.988，0.987（表 3 – 3）。理论预示探针均在内切圆上的四种典型情况下，测得的方块电阻可能低估 1%，0.5%，1.2%，1.3%。

偏离角大于 8°时，探针更接近于边缘，K 值更接近 1，误差则更小。

表 3 – 3　四探针均在内切圆上的四种典型位置的计算结果

情况	探针位置偏离对角线8°的方向				探针间电压降 (IR_s^0/π)				K 值
	A	B	C	D	CB	BA	AD	DC	
1	+	–	–	+	0.698	0.681	0.698	0.664	0.990
2	–	–	–	–	0.690	0.690	0.690	0.690	0.995
3	+	–	–	–	0.594	0.796	0.592	0.780	0.988
4	+	–	+	–	0.507	0.897	0.507	0.897	0.987

注：表中 + 代表顺时针方向偏离，– 代表逆时针方向偏离。又探针 A、B、C、D 在内切圆上以逆时针顺序分布。

3.5.3.3　实验结果

首先在尺寸为 25mm × 25mm 的硅衬底上进行测量。所用数字电压表和恒定电流源是由 Keithley 仪器公司生产的。电压灵敏度为 0.1μV，输入阻抗大于 0.1GΩ。所用恒流为 0.1A，此时恒流源的精度为 50μA。K 值是依据探针在不同的位置时与在边缘位置时所测得的方块电阻之比而得到的。图 3 – 8 已示出 C – r 的实验关系曲线，它与利用有限元法计算所得的理论曲线是一致的，另外，只要将四探针的位置控制在内切圆外的四个角区，用改进的 Van der Pauw 法测量所得样品的方块电阻全部一致且 K = 1。在大样品上反复实验都证实了这个结论。

然后再用改进的 Van der Pauw 法对一金微触点的方块电阻进行测量。该样品的面积为 100μm × 100μm，厚度 δ 为 16μm，所用的硅化钨探针直径为 0.5mm，针尖直径为 7μm，锥角为 12.5°。视场用显微镜放大 8 × 10 倍。利用操纵架探针可以做空间三个方向的移动，依靠目视将它们的针尖分别控制在 100μm × 100μm 的方形面积的内切圆外四个角区。细心去做，这是不成问题的。仪器条件同上。测量中按改进的 Van der Pauw 法改变各探针的电流与电压连接方式。将所得四个测量值代入式 3 – 49 便得到该金触点的方块电阻。共进行 10 次测量，测量的方块电阻在 1.22 ~ 1.30mΩ 之间。10 次测量的平均值为 1.26mΩ，标准差

为 $\sigma = 0.04\text{m}\Omega$，相对标准偏差为 $y = \sigma\sqrt{R_s} = 3.2\%$。该金触点的体电阻率 $\rho = \delta\overline{R_s} = 2.02 \times 10^{-6}\Omega \cdot \text{cm}$，与文献报道是一致的。由此可见，用本法测定微小方形样品的方块电阻是成功的。

3.5.3.4 十字形样品中范德堡方程的推导

和 3.5.2 节应用有限元方法一样，可推导出十字形样品中的范德堡方程。这里只介绍计算结果和实验结果。图 3-9 所示为电流注入点在十字边的中点 A（+）和 B（-）时的电势分布。对角线两端的电势为零，对角线左右电势对称，但符号相反。D 和 C 两点的电势分别为 $+0.3465$（IR_s^0/π），-0.3465（IR_s^0/π），其电势差为 0.6930（IR_s^0/π）。这符合 Van der Pauw 的结果。因为用 Van der Pauw 法测量时，这种情况下，$V_1 = V_2 = V$，$f(V_1/V_2) = 1$，由式 3-51 可得：

$$V = \ln2(IR_s^0/\pi) = 0.649IR_s^0/\pi \qquad (3-57)$$

图 3-9 还表示出计算得到的样品十字边界上的电势，并与实验结果作了比较。又在样品十字边上画了一系列平行的直线，分别与边界相交于两点。该两点上的电势 U_1 和 U_2 均符合下式（图 3-9）：

$$\exp(-U_1) + \exp(-U_2) = \sqrt{2} \qquad (3-58)$$

即

$$\exp[-(U_1 + 0.3465)] + \exp[-(U_2 + 0.3465)] = 1 \qquad (3-59)$$

令

$$V_1 = (U_1 + 0.3465)IR_s^0/\pi, \quad V_2 = (U_2 + 0.3465)IR_s^0/\pi$$

代入式 3-59 可得：

$$\exp\left(-\frac{\pi V_1}{IR_s^0}\right) + \exp\left(-\frac{\pi V_2}{IR_s^0}\right) = 1 \qquad (3-60)$$

式 3-60 正是 Van der Pauw 方程。由图 3-9 可以看出，这一计算结果还与实验结果相符。这说明 Van der Pauw 理论的正确性，也说明有限元法计算的正确性。归根结底，之所以电势有不同的

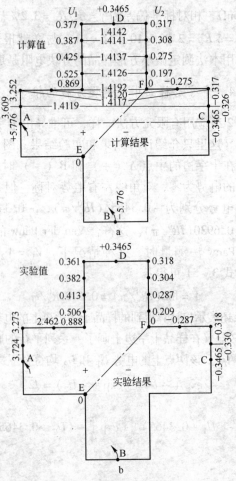

图 3-9 计算得到的样品十字边界上的电势（a）和
实验结果（b）的比较

分布，是因为电流流动要做最小功。这时，泛函的极小值等于
零，就是做最小功而使系统处于能谷态，同时边界条件便自动满
足。无论电学还是力学问题，做最小功是自然界所遵循的普遍法
则。这是一个必要条件。

4 │ 弹性力学基础与平面应变场的 Airy 方程

4.1 弹性力学基础

4.1.1 固体的形变

4.1.1.1 位移

下面考虑图 4-1 所示的在 x_1、x_2、x_3 笛卡儿坐标中体积元的微小形变。A 点和 C 点的坐标分别为 (x_1, x_2, x_3) 和 $(x_1 + \mathrm{d}x_1, x_2 + \mathrm{d}x_2, x_3 + \mathrm{d}x_3)$。如果只考虑 A、C 两点的相对位移：

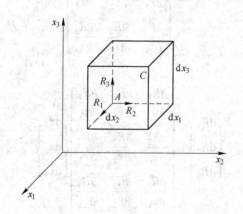

图 4-1 体元的变形与 A、C 间相对位移

$$R(C) - R(A) = [R_1(C) - R_1(A)]i + [R_2(C) - R_2(A)]j +$$
$$[R_3(C) - R_3(A)]k = \mathrm{d}R_1 i + \mathrm{d}R_2 j + \mathrm{d}R_3 k$$
$$= \left(\frac{\partial R_1}{\partial x_1}\mathrm{d}x_1 + \frac{\partial R_1}{\partial x_2}\mathrm{d}x_2 + \frac{\partial R_1}{\partial x_3}\mathrm{d}x_3 \right)i +$$

$$\left(\frac{\partial R_2}{\partial x_1}dx_1 + \frac{\partial R_2}{\partial x_2}dx_2 + \frac{\partial R_2}{\partial x_3}dx_3\right)j +$$

$$\left(\frac{\partial R_3}{\partial x_1}dx_1 + \frac{\partial R_3}{\partial x_2}dx_2 + \frac{\partial R_3}{\partial x_3}dx_3\right)k \qquad (4-1)$$

式中，R_1、R_2、R_3 是在 x_1、x_2、x_3 方向上位移矢量 $\boldsymbol{R}$ 的三个分量：

$$\boldsymbol{R} = R_1 i + R_2 j + R_3 k \qquad (4-2)$$

4.1.1.2 应变

令

$$e_{ij} = \begin{bmatrix} \dfrac{\partial R_1}{\partial x_1} & \dfrac{\partial R_1}{\partial x_2} & \dfrac{\partial R_1}{\partial x_3} \\[2mm] \dfrac{\partial R_2}{\partial x_1} & \dfrac{\partial R_2}{\partial x_2} & \dfrac{\partial R_2}{\partial x_3} \\[2mm] \dfrac{\partial R_3}{\partial x_1} & \dfrac{\partial R_3}{\partial x_2} & \dfrac{\partial R_3}{\partial x_3} \end{bmatrix}$$

则：

$$\begin{Bmatrix} dR_1 \\ dR_2 \\ dR_3 \end{Bmatrix} = \begin{bmatrix} \dfrac{\partial R_1}{\partial x_1} & \dfrac{\partial R_1}{\partial x_2} & \dfrac{\partial R_1}{\partial x_3} \\[2mm] \dfrac{\partial R_2}{\partial x_1} & \dfrac{\partial R_2}{\partial x_2} & \dfrac{\partial R_2}{\partial x_3} \\[2mm] \dfrac{\partial R_3}{\partial x_1} & \dfrac{\partial R_3}{\partial x_2} & \dfrac{\partial R_3}{\partial x_3} \end{bmatrix} \begin{Bmatrix} dx_1 \\ dx_2 \\ dx_3 \end{Bmatrix}$$

式中，当 $i=j$ 时，$e_{ii} = \partial R_i/\partial x_i = (\partial R_i/\partial x_i + \partial R_i/\partial x_i)/2$ 为弹性体的正应变；$e_{ij} = \partial R_i/\partial x_j$ 为切应变，且 $e_{ij} = e_{ji}$。$\delta = e_{11} + e_{22} + e_{33}$ 为弹性单元的膨胀率。

$$r_{ij} = e_{ij} + e_{ji} = \frac{\partial R_i}{\partial x_j} + \frac{\partial R_j}{\partial x_i} = \gamma_{ij}$$ 为工程应用中的切应变。$\gamma_{ij} = 2e_{ij}$，不要将 γ_{ij} 与 e_{ij} 相混淆。

4.1.2 应力场

如图4－2所示，面元 ds 的法向为 $\boldsymbol{n}$，其上作用力 dF，则：

$$T = dF/ds \qquad (4-3)$$

$\boldsymbol{T}$ 被称为应力矢量。应力矢量 $\boldsymbol{T}$ 的方向与力 $\boldsymbol{F}$ 可以分解为空间三个方向上的分量，应力矢量也有：

$$\boldsymbol{T} = T_1 i + T_2 j + T_3 k \qquad (4-4)$$

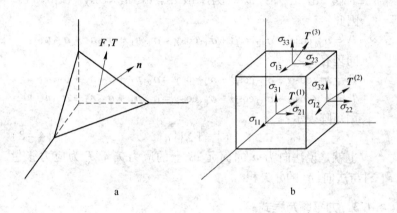

图4－2　应力矢量（a）与应力张量（b）

如图4－2b所示，弹性单元与其表面垂直的三个面元上的应力矢量可分别记为 $\boldsymbol{T}^{(1)}$、$\boldsymbol{T}^{(2)}$ 和 $\boldsymbol{T}^{(3)}$，它们各自在三个坐标方向的分量可以按式4－4写出：

$$\boldsymbol{T}^{(1)} = \sigma_{11} i + \sigma_{21} j + \sigma_{31} k$$
$$\boldsymbol{T}^{(2)} = \sigma_{12} i + \sigma_{22} j + \sigma_{32} k \qquad (4-5)$$
$$\boldsymbol{T}^{(3)} = \sigma_{13} i + \sigma_{23} j + \sigma_{33} k$$

或写成矩阵形式：

$$\left\{ \begin{array}{c} \boldsymbol{T}^{(1)} \\ \boldsymbol{T}^{(2)} \\ \boldsymbol{T}^{(3)} \end{array} \right\} = [\boldsymbol{\Sigma}]^{\mathrm{T}} \left\{ \begin{array}{c} i \\ j \\ k \end{array} \right\} \qquad (4-6)$$

其中：

$$[\Sigma] = \begin{bmatrix} \sigma_{11} & \sigma_{12} & \sigma_{13} \\ \sigma_{21} & \sigma_{22} & \sigma_{23} \\ \sigma_{31} & \sigma_{32} & \sigma_{33} \end{bmatrix}, \ [\Sigma]^{\mathrm{T}} = \begin{bmatrix} \sigma_{11} & \sigma_{21} & \sigma_{31} \\ \sigma_{12} & \sigma_{22} & \sigma_{32} \\ \sigma_{13} & \sigma_{23} & \sigma_{33} \end{bmatrix} \quad (4-7)$$

$[\Sigma]$ 被称为应力矩阵。由 x_1 方向的力平衡可得：

$$-\sigma_{11}dx_2dx_3 - \sigma_{12}dx_1dx_3 - \sigma_{13}dx_1dx_2 + T_1ds = 0$$

又面元 ds 的法向 n 的方向余弦分别为：

$$n_1 = \cos\alpha = dx_2dx_3/ds, \ n_2 = \cos\beta = dx_1dx_3/ds, \ n_3 = \cos\gamma = dx_1dx_2/ds$$

因此：

$$T_1 = \sigma_{11}\cos\alpha + \sigma_{12}\cos\beta + \sigma_{13}\cos\gamma = \sigma_{11}n_1 + \sigma_{12}n_2 + \sigma_{13}n_3$$

同理有：

$$T_2 = \sigma_{21}\cos\alpha + \sigma_{22}\cos\beta + \sigma_{23}\cos\gamma = \sigma_{21}n_1 + \sigma_{22}n_2 + \sigma_{23}n_3$$
$$T_3 = \sigma_{31}\cos\alpha + \sigma_{32}\cos\beta + \sigma_{33}\cos\gamma = \sigma_{31}n_1 + \sigma_{32}n_2 + \sigma_{33}n_3$$

用矩阵表示：

$$[T] = [\Sigma]\{n\} \quad (4-8)$$

也就是说法向为 n 的面元 ds 上的应力矢量 T 为应力张量 $[\Sigma]$ 与法向 $\{n\}$ 的并矢积。

4.1.3 力平衡方程式

因为体元处于平衡状态，所以体元内的应力在 x_1，x_2，x_3 方向上处于力的平衡。首先考虑在 x_1 方向上合力等于零，可以写出如下方程：

$$\Delta\sigma_{11}dx_2dx_3 + \Delta\sigma_{12}dx_1dx_3 + \Delta\sigma_{13}dx_1dx_2 = 0$$

式中，$\Delta\sigma_{11}$，$\Delta\sigma_{12}$，$\Delta\sigma_{13}$ 是应力 σ_{11}，σ_{12}，σ_{13} 沿 x_1 方向的增量。由此可得：

$$\frac{\partial\sigma_{11}}{\partial x_1} + \frac{\partial\sigma_{12}}{\partial x_2} + \frac{\partial\sigma_{13}}{\partial x_3} = 0$$
$$\frac{\partial\sigma_{21}}{\partial x_1} + \frac{\partial\sigma_{22}}{\partial x_2} + \frac{\partial\sigma_{23}}{\partial x_3} = 0 \quad (4-9)$$
$$\frac{\partial\sigma_{31}}{\partial x_1} + \frac{\partial\sigma_{32}}{\partial x_2} + \frac{\partial\sigma_{33}}{\partial x_3} = 0$$

式 4 – 9 可简写为：

$$\sum_j \frac{\partial \sigma_{ij}}{\partial x_j} = 0 \quad (i = 1, 2, 3)$$

这是应力随位置的变化规律，又称为力平衡方程式。

4.1.4 应力 – 应变相互关系

在弹性范围内，应力与应变满足胡克定律，如下：

$$\sigma_{ij} = \sum_{kl} C_{ijkl} e_{kl} \qquad (4 - 10)$$

式中，C_{ijkl} 为材料的弹性常数，又称为弹性劲度（Stiffness）系数。由于 σ 与 e 都是对称的，在一般各向异性的介质中 C_{ijkl} 共有 36 个独立的分量。在各向同性的介质中，胡克定律可简化为：

$$\begin{Bmatrix} \sigma_{11} \\ \sigma_{22} \\ \sigma_{33} \\ \sigma_{23} \\ \sigma_{31} \\ \sigma_{12} \end{Bmatrix} = \begin{bmatrix} C_{11} & C_{12} & C_{12} & & & 0 \\ C_{12} & C_{11} & C_{12} & & & \\ C_{12} & C_{12} & C_{11} & & & \\ & & & 2C_{44} & & \\ & & & & 2C_{44} & \\ 0 & & & & & 2C_{44} \end{bmatrix} \begin{Bmatrix} e_{11} \\ e_{22} \\ e_{33} \\ e_{23} \\ e_{31} \\ e_{12} \end{Bmatrix}$$

$$= \begin{bmatrix} C_{11} & C_{12} & C_{13} & & & 0 \\ C_{12} & C_{12} & C_{12} & & & \\ C_{12} & C_{12} & C_{11} & & & \\ & & & C_{44} & & \\ & & & & C_{44} & \\ 0 & & & & & C_{44} \end{bmatrix} \begin{Bmatrix} e_{11} \\ e_{22} \\ e_{33} \\ \gamma_{23} \\ \gamma_{31} \\ \gamma_{12} \end{Bmatrix} \qquad (4 - 11)$$

式中，$C_{44} = \frac{1}{2}(C_{11} - C_{12})$。$A = 2C_{44}/(C_{11} - C_{12})$ 称为各向异性比，当 $A = 1$ 时为各向同性介质。令 $\mu = C_{44}$，被称为剪切模量，$\lambda = C_{12}$ 被称为拉梅系数，于是 $C_{11} = \lambda + 2\mu$，胡克定律可写成：

$$\sigma_{ij} = 2\mu e_{ij} + \lambda \delta_{ij} \delta \qquad (4 - 12)$$

式中，δ_{ij} 为克龙尼克（Kronecker）符号，$\delta = e_{11} + e_{22} + e_{33}$。

对于平面应变场，$\sigma_{11} = (2\mu + \lambda) e_{11} + \lambda e_{22}$，$\sigma_{22} = (2\mu + \lambda) e_{22} + \lambda e_{11}$，设

$$\phi = \sigma_{11} + \sigma_{22} = (2\mu + 2\lambda)(e_{11} + e_{22}) \qquad (4-13)$$

正应变弹性能 $1/2[\phi \cdot (e_{11} + e_{22})] = \phi^2/4(\mu + \lambda)$。将胡克定律式 4-12 写成矩阵形式，则：

$$\begin{Bmatrix} \sigma_{11} \\ \sigma_{22} \\ \sigma_{33} \\ \sigma_{23} \\ \sigma_{31} \\ \sigma_{12} \end{Bmatrix} = \begin{bmatrix} 2\mu+\lambda & \lambda & \lambda & & & 0 \\ \lambda & 2\mu+\lambda & \lambda & & & \\ \lambda & \lambda & 2\mu+\lambda & & & \\ & & & 2\mu & & \\ & & & & 2\mu & \\ 0 & & & & & 2\mu \end{bmatrix} \begin{Bmatrix} e_{11} \\ e_{22} \\ e_{33} \\ e_{23} \\ e_{31} \\ e_{12} \end{Bmatrix}$$

$$= \begin{bmatrix} 2\mu+\lambda & \lambda & \lambda & & & 0 \\ \lambda & 2\mu+\lambda & \lambda & & & \\ \lambda & \lambda & 2\mu+\lambda & & & \\ & & & \mu & & \\ & & & & \mu & \\ 0 & & & & & \mu \end{bmatrix} \begin{Bmatrix} e_{11} \\ e_{22} \\ e_{33} \\ \gamma_{23} \\ \gamma_{31} \\ \gamma_{12} \end{Bmatrix} \qquad (4-14)$$

令 $E = \dfrac{\mu(3\lambda + 2\mu)}{\lambda + \mu}$，$\nu = \lambda/2(\lambda + \mu)$，$E$ 称为杨氏模量，γ 称为泊松比。胡克定律的另一种形式是：

$$\begin{Bmatrix} e_{11} \\ e_{22} \\ e_{33} \\ \gamma_{23} \\ \gamma_{31} \\ \gamma_{12} \end{Bmatrix} = \begin{bmatrix} \frac{1}{E} & -\frac{\nu}{E} & -\frac{\nu}{E} & & & 0 \\ -\frac{\nu}{E} & \frac{\nu}{E} & -\frac{\nu}{E} & & & \\ -\frac{\nu}{E} & -\frac{\nu}{E} & \frac{\nu}{E} & & & \\ & & & \frac{1}{\mu} & & \\ & & & & \frac{1}{\mu} & \\ 0 & & & & & \frac{1}{\mu} \end{bmatrix} \begin{Bmatrix} \sigma_{11} \\ \sigma_{22} \\ \sigma_{33} \\ \sigma_{23} \\ \sigma_{31} \\ \sigma_{12} \end{Bmatrix} = \begin{bmatrix} S_{11} & S_{12} & S_{12} & & & 0 \\ S_{12} & S_{11} & S_{12} & & & \\ S_{12} & S_{12} & S_{11} & & & \\ & & & S_{44} & & \\ & & & & S_{44} & \\ & & & & & S_{44} \end{bmatrix} \begin{Bmatrix} \sigma_{11} \\ \sigma_{22} \\ \sigma_{33} \\ \sigma_{23} \\ \sigma_{31} \\ \sigma_{12} \end{Bmatrix}$$

$$(4-15)$$

式中，S_{ij}为弹性顺服系数；$S_{11} = \dfrac{1}{E}$；$S_{12} = -\dfrac{\nu}{E}$；$S_{44} = \dfrac{1}{\mu}$。由式 4-15 还可以直接看出杨氏模量和泊松比的物理意义。从 E 和 ν 的式中可以解出 λ 和 μ，代入式 4-15 中，又得到胡克定律的另一种表达式：

$$
\begin{Bmatrix} \sigma_{11} \\ \sigma_{22} \\ \sigma_{33} \\ \sigma_{23} \\ \sigma_{31} \\ \sigma_{12} \end{Bmatrix} = \frac{E(1-\nu)}{(1+\nu)(1-2\nu)}
\begin{bmatrix}
1 & & & & & \\
\dfrac{\nu}{1-\nu} & 1 & & & & \\
\dfrac{\nu}{1-\nu} & \dfrac{\nu}{1-\nu} & 1 & & & \\
& & & \dfrac{1-2\nu}{2(1-\nu)} & & \\
& & & & \dfrac{1-2\nu}{2(1-\nu)} & \\
0 & & & & & \dfrac{1-2\nu}{2(1-\nu)}
\end{bmatrix}
\cdot
\begin{Bmatrix} e_{11} \\ e_{22} \\ e_{33} \\ e_{23} \\ e_{31} \\ e_{12} \end{Bmatrix}
$$

$$(4-15a)$$

或简写为：

$$\{\sigma\} = [D]\{e\} \qquad (4-15b)$$

式中，$[D]$ 为弹性劲度矩阵，取决于材料的性质。在本章应力计算中最常用的胡克定律表达式是式 4-15b。

4.1.5 位移协调方程

将应力平衡方程式 4-9 中应力 σ_{ij} 用应变 e_{ij} 代换，再转化为位移矢量 $R = R_1 i + R_2 j + R_3 k$，于是有：

$$
\sum_j \frac{\partial}{\partial x_j}[2\mu e_{ij} + \lambda \delta_{ij}\delta]
$$

$$
= \sum_j \frac{\partial}{\partial x_j}\left[\mu\left(\frac{\partial R_i}{\partial x_j} + \frac{\partial R_j}{\partial x_i}\right) + \lambda(e_{11} + e_{22} + e_{33})\delta_{ij}\right]
$$

$$
= \sum_j \frac{\partial}{\partial x_j}\left\{\mu\frac{\partial R_i}{\partial x_j} + \left[\mu\frac{\partial R_j}{\partial x_i} + \lambda\left(\frac{\partial R_1}{\partial x_1} + \frac{\partial R_2}{\partial x_2} + \frac{\partial R_3}{\partial x_3}\right)\delta_{ij}\right]\right\}
$$

$$
= \mu\sum_j \frac{\partial^2 R_i}{\partial x_j^2} + (\mu + \lambda)\sum_j \frac{\partial^2 R_j}{\partial x_i \partial x_j} = 0 \quad (i = 1, 2, 3)
$$

$$(4-16a)$$

或简写为：

$$\mu \nabla^2 R + (\mu + \lambda) \nabla (\nabla \cdot R) = 0 \qquad (4-16b)$$

这就是弹性体中位移协调方程。

4.2 平面应力场问题

一块厚度均匀的平板，厚度与板的长、宽相比很小，且沿薄板周围边界承受着平行于薄板平面且沿厚度均匀或对称其中面的外力。此外，板的表面无外力作用。这样，板内：

$$\sigma_{33} = 0, \ \sigma_{13} = \sigma_{31} = \sigma_{32} = \sigma_{23} = 0$$

近似认为 σ_{11}，σ_{22}，σ_{12} 不沿板厚度而变化，它们只是坐标 x_1、x_2 的函数，或者 σ_{33}、σ_{13}、σ_{23} 很小，可以略去时，这就属于平面应力问题。由式 3 – 14 可以看出，尽管 $\sigma_{33} = 0$，但 $e_{33} = -\dfrac{\mu}{E}(\sigma_{11} + \sigma_{22}) \neq 0$。

4.2.1 莫尔圆与最大切应力

式 2 – 22 已说明，由 x_1、x_2 与 x_1'、x_2' 的坐标变换矩阵 T 可得到新坐标系中应力张量分量：

$$\sigma_{ij}' = T_{il}T_{jm}\sigma_{lm} \text{（重复指标求和）} \qquad \text{（见式 2 – 22）}$$

（1）第一种情况下的单元体中，设侧面无切应力时。平面应力场中的单元体，设其侧面无切应力 $\sigma_{xy} = 0$，只有正应力 σ_{xx} 和 σ_{yy}。设新、老坐标系 x 与 x' 轴间的夹角为 θ。那么，新坐标系中应力张量分量为：

正应力：

$$\sigma_{x'x'} = T_{x'x}T_{x'x}\sigma_{xx} + T_{x'y}T_{x'y}\sigma_{yy} = \cos^2\theta\sigma_{xx} + \sin^2\theta\sigma_{yy}$$

$$(4-17)$$

正应力：

$$\sigma_{y'y'} = T_{y'x}T_{y'x}\sigma_{xx} + T_{y'y}T_{y'y}\sigma_{yy} = \sin^2\theta\sigma_{xx} + \cos^2\theta\sigma_{yy}$$

$$(4-18)$$

切应力：

$$\sigma_{x'y'} = T_{x'x}T_{y'x}\sigma_{xx} + T_{x'y}T_{y'y}\sigma_{yy} = -\sin\theta\cos\theta\sigma_{xx} + \sin\theta\cos\theta\sigma_{yy}$$

$$= -\frac{1}{2}(\sigma_{xx} - \sigma_{yy})\sin2\theta = -\sigma_{y'x'} \qquad (4-19)$$

请注意，新坐标系中出现式 4-19 中的切应力 $\sigma_{x'y'}$。式 4-17、式 4-19 可进一步转化为：

$$\sigma_{x'x'} + \sigma_{y'y'} = \sigma_{xx} + \sigma_{yy}$$

$$\sigma_{x'x'} - \sigma_{y'y'} = (\sigma_{xx} - \sigma_{yy})(\cos^2\theta - \sin^2\theta) = (\sigma_{xx} - \sigma_{yy})\cos2\theta$$

由上两式可得：

$$\sigma_{x'x'} = \frac{\sigma_{xx} + \sigma_{yy}}{2} + \frac{\sigma_{xx} - \sigma_{yy}}{2}\cos2\theta \qquad (4-20)$$

将式 4-17、式 4-18 中 σ_{xx}，σ_{yy} 分别用图 4-3 所示的莫尔圆中的 p 和 q 来表示，又令 $\sigma_{xx} = p$，$\sigma_{yy} = q$，则可有：

$$\sigma_{x'x'} = \frac{p+q}{2} + \frac{p-q}{2}\cos2\theta \qquad (4-21)$$

$$\sigma_{y'y'} = \frac{p+q}{2} - \frac{p-q}{2}\cos2\theta \qquad (4-22)$$

$$\sigma_{x'y'} = \frac{1}{2}(p-q)\sin2\theta \qquad (4-23)$$

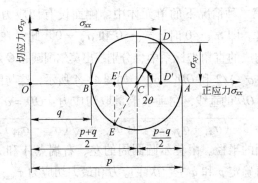

图 4-3 第一种情况下的莫尔圆

将正应力和切应力分别作为平面上的横向和纵向坐标轴。在此坐标平面上，既可表示原坐标系中正应力 σ_{xx}、σ_{yy} 和切应力

σ_{xy}（此时 $\sigma_{xy} = 0$），也可表示新坐标系中正应力 $\sigma_{x'x'}$（式 4-21）、$\sigma_{y'y'}$（式 4-22）和切应力 $\sigma_{x'y'}$（式 4-23）。以 $(\sigma_{xx} + \sigma_{yy})/2$（此时 $= (p+q)/2$）为圆心，以 $(p-q)/2$ 为半径所做的圆称为莫尔圆。图 4-3 中，$OB = q = \sigma_{yy}$，$OA = p = \sigma_{xx}$，而 $\sigma_{xy} = 0$，分别代表老坐标系中的应力分量。同时有 $OD' = \sigma_{x'x'}$，$O'E = \sigma_{y'y'}$，$D'D = \sigma_{x'y'}$，分别代表新坐标系中的应力分量。$\angle ACD = 2\theta$ 代表 $\sigma_{x'y'} = \sin 2\theta (p-q)/2$ 与其有关。当切应力等于莫尔圆半径时（即 $\theta = 45°$时），称为最大切应力 $\tau_{\max} = (p-q)/2$。物件中光测弹性条纹是最大切应力条纹。最大切应力条纹中的最大者承载最大切应力，材料破坏、屈服、开裂往往从这里开始。

因为已设单元体中，设侧面无切应力，即 $\sigma_{xy} = 0$（尽管 $\sigma_{x'y'} \neq 0$），只有正应力 σ_{xx} 和 σ_{yy}，所以 p 和 q 分别称为第一（代数值大者）和第二（代数值小者）主应力。主应力是无切应力侧面时的侧面的正应力，仅此时 $p = \sigma_{xx}$，$q = \sigma_{yy}$。图 4-3 中把各物理量之间的几何关系表示得很清楚。可以看出，莫尔圆圆周的左端点到坐标原点长度用 q 表示，而莫尔圆圆周的右端点到坐标原点长度用 p 表示。主应力也是材料承载能力的反映。

（2）第二种情况下的单元体中，侧面设有切应力，同时也有正应力时。即 $\sigma_{xy} \neq 0$ 时，$\sigma_{xx} \neq 0$ 和 $\sigma_{yy} \neq 0$。此时在正应力和切应力所构成的直角坐标系中，分别找出莫尔圆圆心 C 点和 D' 点：$OC = (\sigma_{xx} + \sigma_{yy})/2$ 和 $OD' = \sigma_{xx}$，如图 4-4 所示，这与图 4-3 不同。然后做 OD' 的垂线，在垂线上量取切应力：$OD = \sigma_{xy}$。因此，

$$CD = \sqrt{[\sigma_{xx} - (\sigma_{xx} + \sigma_{yy})/2]^2 + \sigma_{xy}^2} = \sqrt{(\sigma_{xx} - \sigma_{yy})^2 + 4\sigma_{xy}^2}/2$$

便是莫尔圆的半径。由莫尔圆圆周的左、右端点 A 和 B 到 O 点的距离便可确定 p 和 q 主、次主应力和最大切应力 $\tau_{\max}$：

$$p = \frac{1}{2}(\sigma_{xx} + \sigma_{yy}) + \frac{1}{2}\sqrt{(\sigma_{xx} - \sigma_{yy})^2 + 4\sigma_{xy}^2} \quad (4-24)$$

$$q = \frac{1}{2}(\sigma_{xx} + \sigma_{yy}) - \frac{1}{2}\sqrt{(\sigma_{xx} - \sigma_{yy})^2 + 4\sigma_{xy}^2} \quad (4-25)$$

$$\tau_{\max} = \frac{1}{2}\sqrt{(\sigma_{xx}-\sigma_{yy})^2+4\sigma_{xy}^2} = (p-q)/2 \quad (4-26)$$

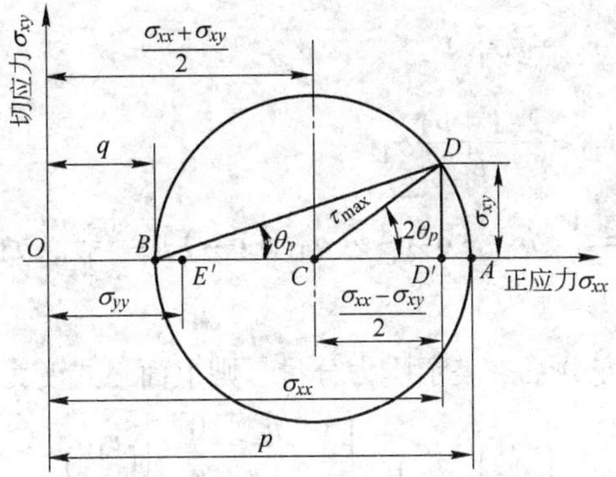

图4-4 第二种情况下的莫尔圆

最大切应力在4.4节要用到,用于绘制圆环中光测弹性力学条纹。

极坐标情况下,式4-24～式4-26一样有:

$$p(\alpha,\theta) = 1/2[\sigma_{\theta\theta}(\alpha,\theta) + \sigma_{rr}(\alpha,\theta) +$$
$$\sqrt{[\sigma_{\theta\theta}(\alpha,\theta) - \sigma_{rr}(\alpha,\theta)]^2 + 4\sigma_{r\theta}^2(\alpha,\theta)}]$$

（见式4-84）

$$q(\alpha,\theta) = 1/2[\sigma_{\theta\theta}(\alpha,\theta) + \sigma_{rr}(\alpha,\theta) -$$
$$\sqrt{[\sigma_{\theta\theta}(\alpha,\theta) - \sigma_{rr}(\alpha,\theta)]^2 + 4\sigma_{r\theta}^2(\alpha,\theta)}]$$

（见式4-85）

$$\tau_{\max}(\alpha,\theta) = 1/2\sqrt{[\sigma_{\theta\theta}(\alpha,\theta) - \sigma_{rr}(\alpha,\theta)]^2 + 4\sigma_{r\theta}^2(\alpha,\theta)}$$

（见式4-86）

或 $$\tau_{\max}(\alpha,\theta) = (p-q)/2 \quad （同式4-87）$$

式中,p,q,$\sigma_{\theta\theta}$,σ_{rr},$\sigma_{r\theta}$,$\tau_{\max}$分别是极坐标中的第一、第二主应力,周向和径向正应力,切应力和最大切应力。

4.2.2 在平面应力场中的胡克定律

在平面应力场情况下,由胡克定律（式4-14）可得到:

$$e_{11} = \frac{1}{E}(\sigma_{11} - \nu\sigma_{22})$$

$$e_{22} = \frac{1}{E}(\sigma_{22} - \nu\sigma_{11})$$

$$\gamma_{12} = \frac{1}{\mu}\sigma_{12} = \frac{2(1+\nu)}{E}\sigma_{12}$$

$$e_{11} + e_{22} = \frac{1}{E}[\sigma_{11} + \sigma_{22} - \nu(\sigma_{11} + \sigma_{22})] = \frac{1-\nu}{E}(\sigma_{11} + \sigma_{22})$$

$$(4-27)$$

若用应变分量来表示应力分量，则上面三式变为：

$$\begin{Bmatrix} \sigma_{11} \\ \sigma_{22} \\ \sigma_{12} \end{Bmatrix} = \frac{E}{1-\nu^2} \begin{bmatrix} 1 & \nu & 0 \\ \nu & 1 & 0 \\ 0 & 0 & \frac{1-\nu}{2} \end{bmatrix} \begin{Bmatrix} e_{11} \\ e_{22} \\ \gamma_{12} \end{Bmatrix} \qquad (4-28a)$$

或简写为：

$$\{\sigma\} = [D]\{e\} \qquad (4-28b)$$

式中：

$$[D] = \frac{E}{1-\nu^2} \begin{bmatrix} 1 & \nu & 0 \\ \nu & 1 & 0 \\ 0 & 0 & \frac{1-\nu}{2} \end{bmatrix} \qquad (4-29)$$

$$\{\sigma\} = \{\sigma_{11} \sigma_{22} \sigma_{12}\}^{T}$$

$$\{e\} = \{e_{11} e_{22} \gamma_{12}\}^{T}$$

4.2.3 力平衡微分方程

由 $\mathrm{d}x_1$、$\mathrm{d}x_2$ 小单元体的 X_1 向力平衡 $\sum X_1 = 0$ 得到：

$$\frac{\partial \sigma_{11}}{\partial x_1} + \frac{\partial \sigma_{12}}{\partial x_2} = 0 \qquad (4-30)$$

同样，由 X_2 向力平衡 $\sum X_2 = 0$ 得到：

$$\frac{\partial \sigma_{22}}{\partial x_2} + \frac{\partial \sigma_{21}}{\partial x_1} = 0 \qquad (4-31)$$

4.2.4 极坐标的平衡微分方程

图 4-5a 表示用极坐标 r、θ 所确定的体元 $ABCDA$，承受一般正号的二维应力系统和径向体积力。此厚度为一单位的体元的尺寸为 $r\mathrm{d}\theta$，$\mathrm{d}r$ 和 $(r+\mathrm{d}r)\mathrm{d}\theta$，其应力各点不同。但是，假定每一侧面上的应力是均匀分布的，且只考虑两相对侧面间的应力变化。为简化起见，正应力 σ_{rr}，$\sigma_{\theta\theta}$ 分别用 σ_r，σ_θ 表示，切应力 $\sigma_{r\theta}$ 用 τ 表示。这样用 σ_{ra}，$\sigma_{\theta\theta a}$ 和 $(\sigma_{r\theta})_a = \tau_a$ 表示点 A 的应力，其他各点也采用类似的记号，则得出点 B 的应力为：

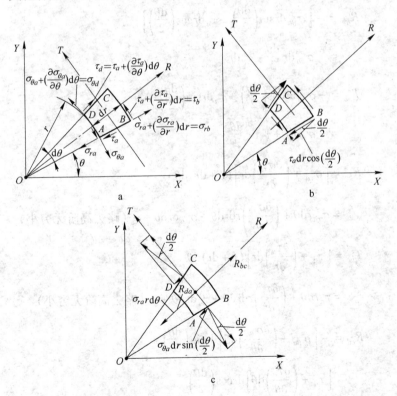

图 4-5 体元上应力的极坐标符号（a）、体元上剪力的径向和切向分力（b）和体元上法向力的径向和切向分力（c）

$$\sigma_{rb} = \sigma_{ra} + \left(\frac{\partial \sigma_{ra}}{\partial r}\right)dr, \quad \tau_b = \tau_a + \left(\frac{\partial \tau_a}{\partial r}\right)dr$$

同样，得出点 D 的应力为：

$$\sigma_{\theta d} = \sigma_{\theta a} + \left(\frac{\partial \sigma_{\theta a}}{\partial \theta}\right)d\theta, \quad \tau_d = \tau_a + \left(\frac{\partial \tau_a}{\partial \theta}\right)d\theta$$

现在我们将体元四个侧面的每一侧面上的法向力和剪力分解为径向和切向分力，这些分力分别以 R 和 T 表示，并以脚标来表示其作用面（图 4 – 5b 和图 4 – 5c）。考虑到 $d\theta$ 为一小角，则：

$$R_{ab} = -\left[\sigma_{\theta a}dr\sin\left(\frac{d\theta}{2}\right) + \tau_a dr\cos\left(\frac{d\theta}{2}\right)\right]$$

$$= -\sigma_{\theta a}dr\frac{d\theta}{2} - \tau_a dr$$

$$T_{ab} = -\sigma_{\theta a}dr\cos\left(\frac{d\theta}{2}\right) + \tau_a dr\sin\left(\frac{d\theta}{2}\right)$$

$$= -\sigma_{\theta a}dr + \tau_a dr\frac{d\theta}{2}$$

$$R_{bc} = \left[\sigma_{ra} + \left(\frac{\partial \sigma_{ra}}{\partial r}\right)dr\right](r + dr)d\theta$$

$$= \sigma_{ra}rd\theta + \left(\frac{\partial \sigma_{ra}}{\partial r}\right)rdrd\theta + \sigma_{ra}drd\theta + \cdots (略去高阶无穷小)$$

$$T_{bc} = \left[\tau_A + \left(\frac{\partial \tau_a}{\partial r}\right)dr\right](r + dr)d\theta$$

$$= \tau_a rd\theta + \left(\frac{\partial \tau_a}{\partial r}\right)rdrd\theta + \tau_a drd\theta + \cdots (略去高阶无穷小)$$

$$R_{cd} = -\left[\sigma_{\theta a} + \left(\frac{\partial \sigma_{\theta a}}{\partial \theta}\right)d\theta\right]dr\sin\left(\frac{d\theta}{2}\right) +$$

$$\left[\tau_a + \left(\frac{\partial \tau_a}{\partial \theta}\right)d\theta\right]dr\cos\left(\frac{d\theta}{2}\right)$$

$$= -\sigma_{\theta a}dr\frac{d\theta}{2} + \tau_a dr + \left(\frac{\partial \tau_a}{\partial \theta}\right)d\theta dr + \cdots (略去高阶无穷小)$$

$$T_{cd} = \left[\sigma_{\theta a} + \left(\frac{\partial \sigma_{\theta a}}{\partial \theta} \right) \mathrm{d}\theta \right] \mathrm{d}r \cos\left(\frac{\mathrm{d}\theta}{2} \right) +$$

$$\left[\tau_a + \left(\frac{\partial \tau_a}{\partial \theta} \right) \mathrm{d}\theta \right] \mathrm{d}r \sin\left(\frac{\mathrm{d}\theta}{2} \right)$$

$$= \sigma_{\theta a} \mathrm{d}r + \left(\frac{\partial \sigma_{\theta a}}{\partial \theta} \right) \mathrm{d}\theta \mathrm{d}r + \tau_a \mathrm{d}r \frac{\mathrm{d}\theta}{2} \cdots (略去高阶无穷小)$$

最后，$R_{da} = -\sigma_{ra} r \mathrm{d}\theta$ 和 $T_{da} = -\tau_a r \mathrm{d}\theta$。

在极坐标中所考虑的最一般形式的体积力是径向力，我们以 $R_{体}$ 表示径向上每单位体积的体积力，并设其指向背离原点，则作用在体元 $ABCDA$ 上的体积力为 $R_{体} r \mathrm{d}r \mathrm{d}\theta$。为了力的平衡：$\sum R = 0$ 和 $\sum T = 0$。将径向力相加，得到：

$$-\sigma_{ra} r \mathrm{d}\theta + \left[\sigma_{ra} r \mathrm{d}\theta + \left(\frac{\partial \sigma_{ra}}{\partial r} \right) r \mathrm{d}r \mathrm{d}\theta + \sigma_{ra} \mathrm{d}r \mathrm{d}\theta \right] - \left[\sigma_{ra} \mathrm{d}r \frac{\mathrm{d}\theta}{2} + \tau_a \mathrm{d}r \right] +$$

$$\left[-\sigma_{ra} \mathrm{d}r \frac{\mathrm{d}\theta}{2} + \tau_a \mathrm{d}r + \left(\frac{\partial \tau_a}{\partial \theta} \right) \mathrm{d}r \mathrm{d}\theta \right] + R_{体} r \mathrm{d}r \mathrm{d}\theta = 0$$

加以整理，并略去 σ_{ra} 和 $\sigma_{\theta a}$ 中第二个脚标，又当 $R_{体} = 0$，则上式变为：

$$r \frac{\partial \sigma_r}{\partial r} + (\sigma_r - \sigma_\theta) + \frac{\partial \tau_{r\theta}}{\partial \theta} = 0 \qquad (4-32)$$

同样，沿切向求和，得到：

$$\frac{\partial \sigma_\theta}{\partial \theta} + r \frac{\partial \tau_{r\theta}}{\partial r} + 2\tau_{r\theta} = 0 \qquad (4-33)$$

方程式 4 – 32 和方程式 4 – 33 就是极坐标的力平衡微分方程。

4.3 平面应变场中 Airy 方程的推导

4.3.1 平面应变场中的力平衡方程

当不考虑体力时，在 x_1 和 x_2 方向上力的平衡已有下两式（式 4 – 30，式 4 – 31）：

$$\frac{\partial \sigma'_{11}}{\partial x_1} + \frac{\partial \sigma'_{12}}{\partial x_2} = 0 \qquad \frac{\partial \sigma'_{21}}{\partial x_1} + \frac{\partial \sigma'_{22}}{\partial x_2} = 0$$

如果正应力和切应力分别表示为下列各式：

$$\sigma'_{11} = \partial^2 \psi / \partial^2 x_2 \qquad \sigma'_{22} = \partial^2 \psi / \partial^2 x_1 \qquad \sigma'_{12} = -\partial^2 \psi / \partial x_1 \partial x_2$$

则力的平衡方程式自动满足，其中 ψ 称为应力函数。

4.3.2 平面应变场中的位移协调、应变兼容性方程

对应变微分式（$e_{ii} = \partial R_i / \partial x_i = (\partial R_i / \partial x_i + \partial R_i / \partial x_i) / 2$）求导，可得到应变兼容性方程：

$$\partial^2 e_{11} / \partial x_2^2 + \partial^2 e_{22} / \partial x_1^2 = 2 \partial^2 e_{12} / \partial x_1 \partial x_2$$

4.3.3 Airy 方程

将应变式代入应变兼容性方程，又利用式 4 – 13 和应力函数式的关系可得到：

$$\nabla^2 \phi = \nabla^2 (\sigma'_{11} + \sigma'_{22}) = \nabla^4 \psi = (\partial^2 / \partial x_1^2 + \partial^2 / \partial x_2^2)^2 \psi = 0$$

$$(4-34)$$

上述方程被称为著名的 Airy 方程，早在 19 世纪就被 Airy 推导出来。这是弹性力学基础性方程，有着广泛的应用。

在极坐标下的 Airy 方程可表示为：

$$\left(\frac{\partial^2}{\partial r^2} + \frac{1}{r} \frac{\partial}{\partial r} + \frac{1}{r^2} \frac{\partial^2}{\partial \theta^2} \right)^2 \psi = 0 \qquad (4-35)$$

在极坐标中相应有用应力函数表示的应力各式：

$$\sigma'_{\theta\theta} = \partial^2 \psi / \partial r^2 \qquad (4-36)$$

$$\sigma'_{rr} = (1/r) \partial \psi / \partial r + (1/r^2) \partial^2 \psi / \partial \theta^2 \qquad (4-37)$$

$$\sigma'_{r\theta} = -\frac{\partial}{\partial r} \left(\frac{1}{r} \frac{\partial \psi}{\partial \theta} \right) \qquad (4-38)$$

4.3.4 在极坐标下的 Airy 方程的通解

因为

$$\sigma'_{\theta\theta} + \sigma'_{rr} = \sigma'_{11} + \sigma'_{22}, \quad 令 \nabla^2 \psi = \phi = \sigma'_{\theta\theta} + \sigma'_{rr} \qquad (4-39)$$

则 Airy 方程 4-34 转变成拉普拉斯方程:

$$\nabla^2\phi = \left(\frac{\partial^2}{\partial r^2} + \frac{1}{r}\frac{\partial}{\partial r} + \frac{1}{r^2}\frac{\partial^2}{\partial\theta^2}\right)\phi = 0 \qquad (4-40)$$

因为此方程的解可表示为两分离变量的函数的乘积:

$$\phi = \sum_n R_n(r)\phi_n(\theta) \qquad (4-41)$$

又要求解是单值的,于是可表示成:

$$\phi = (\alpha_0 + \beta_0\ln r) + \sum_{n=1}^{\infty}(\alpha_n r^n + \beta_n r^{-n})\sin n\theta +$$

$$\sum_{n=1}^{\infty}(\gamma_n r^n + \delta_n r^{-n})\cos n\theta \qquad (4-42)$$

检查上式可以看出,当 $\theta = -\pi/2$ 和 $\theta = +\pi/2$ 时, $\phi = \sigma'_{\theta\theta} + \sigma'_{rr}$ 分别有极大值和极小值,此外, ϕ 随 r 增大而减小。ϕ 的最简单形式可表示为:

$$\phi = \beta_1 r^{-1}\sin\theta \qquad (4-43)$$

4.3.5 在极坐标下的 Airy 方程的一个特解

将式 4-43 代入式 4-39, $\nabla^2\psi = \phi$,可得:

$$\left(\frac{\partial^2}{\partial r^2} + \frac{1}{r}\frac{\partial}{\partial r} + \frac{1}{r^2}\frac{\partial^2}{\partial\theta^2}\right)\psi = \beta_1 r^{-1}\sin\theta$$

该式有一个特解:

$$\psi = (\beta_1/2)r\sin\theta\ln r \qquad (4-44)$$

这一特解已用于位错心外应力场的计算。

4.4 受力圆环在极坐标下的 Airy 方程的解

图 4-6 示出受径向力 F 的圆环。图中示出圆环的半径 r,内、外径 r_i、r_o 及 θ 角的定义。

4.4.1 受力圆环在极坐标下的 Airy 方程的一个特解

本书的第一作者得到适合受力圆环的特解为:

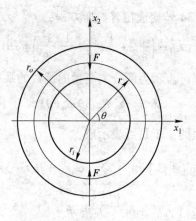

图 4-6 受径向力 F 的圆环

$$\psi = F/(4B)\left[-2r\ln r + \xi(r^3/r_o^2 - r_i^2/r)\right]\cos\theta \quad (4-45)$$

式中，B 是待求常数（下文有结果 $B = \ln\alpha_i + \xi(1 - \alpha_i^2)$）。只要将该式代入 Airy 方程便可证明满足 Airy 方程 4-35。据式 4-36 ~ 式 4-38，相应有应力解：

$$\sigma'_{\theta\theta} = -(F/2Br_o)\left[-1/\alpha + \xi(3\alpha - \alpha_i^2/\alpha^3)\right]\cos\theta$$

$$= -(F/2Br_o)g(\alpha)\cos\theta \quad (4-46)$$

$$\sigma'_{rr} = -(F/2Br_o)\left[-1/\alpha + \xi(\alpha + \alpha_i^2/\alpha^3)\right]\cos\theta$$

$$= -(F/2Br_o)h(\alpha)\cos\theta \quad (4-47)$$

$$\sigma'_{r\theta} = -(F/2Br_o)\left[-1/\alpha + \xi(\alpha + \alpha_i^2/\alpha^3)\right]\sin\theta$$

$$= -(F/2Br_o)h(\alpha)\sin\theta \quad (4-48)$$

式中：

$$g(\alpha) = \left[-1/\alpha + \xi(3\alpha - \alpha_i^2/\alpha^3)\right] \quad (4-49)$$

$$h(\alpha) = \left[-1/\alpha + \xi(\alpha + \alpha_i^2/\alpha^3)\right] \quad (4-50)$$

只要简单推导便可知 $\sigma'_{\theta\theta}$，σ'_{rr}，$\sigma'_{r\theta}$ 满足双调和方程：$\nabla^2\phi = \nabla^4\psi = 0$。

请读者注意，应力各式尽管满足双调和方程，但是这是一高能解，而非能谷解，也就是不是实际真实应力解。实际真实应力应做最小功，使正应力系统处于能谷态。

4.4.2 实际真实应力的能谷态解

应力系统做最小功，相应的周向约束条件为：$\oint \frac{\partial}{\partial n}[\phi - \phi_c] \mathrm{d}l = 0$。

已设 $\phi = (\sigma'_{\theta\theta} + \sigma'_{rr})$，与 $\frac{1}{2}\left|\phi\right|^2$ 具有相同的能量量纲一样，$\frac{1}{2}\left|\iint \nabla^2 \phi \mathrm{d}s\right|^2 = \frac{1}{2}\left|\int \mathrm{d}r \int \nabla^2 \phi \mathrm{d}l\right|^2$ 也具有能量量纲（s 是环内的积分面积，假设弹性模量为 1，实际为 $2(\mu + \lambda)$，见式 4 - 13）。因此，$\left|\iint \nabla^2 \phi \mathrm{d}s\right|$ 为正应力系统能量的平方根。根据格林定理有：

$$\iint \nabla^2 \phi \mathrm{d}s = \oint \frac{\partial}{\partial n}\phi \mathrm{d}l = \oint \frac{\partial}{\partial n}(\sigma'_{\theta\theta} + \sigma'_{rr}) \mathrm{d}l = \frac{\partial}{\partial n}\oint(\sigma'_{\theta\theta} + \sigma'_{rr}) \mathrm{d}l$$

$$(4-51)$$

可以看出，上式右端 $\oint(\sigma'_{\theta\theta} + \sigma'_{rr}) \mathrm{d}l$ 具有很高的应力（式 4 - 46 和式 4 - 47 带有 $\cos\theta$ 与式 4 - 73 ~ 式 4 - 75 带有 $\cos\theta - 2/\pi$ 相比较），造成过高的膨胀和压缩能，使正应力系统不稳定。因为 ϕ 从零起点变化，当有 ϕ_c 且又 $|\phi_c| \leqslant |\phi|_{max}$ 时，那么 $\phi - \phi_c$ 或 $\frac{\partial}{\partial n}\oint(\phi - \phi_c) \mathrm{d}l$ 分别替换 ϕ 或 $\frac{\partial}{\partial n}\oint\phi \mathrm{d}l$，则能大大降低能量。因为 $\phi - \phi_c$ 在 ϕ_c 的邻近变化。对整个正应力系来说，当

$$\frac{\partial}{\partial\phi}\left[\oint(\phi - \phi_c)^2/2\mathrm{d}l\right] = \oint \frac{\partial}{\partial\phi}[(\phi - \phi_c)^2/2] \mathrm{d}l$$

$$= \oint(\phi - \phi_c)\frac{\partial}{\partial\phi}(\phi - \phi_c) \mathrm{d}l = \oint(\phi - \phi_c) \mathrm{d}l = 0$$

或 $\quad \frac{\partial}{\partial\phi}\left[\frac{1}{2}\left|\frac{\partial}{\partial n}\oint(\phi - \phi_c) \mathrm{d}l\right|^2\right] = \frac{\partial}{\partial n}\left[\oint(\phi - \phi_c) \mathrm{d}l\right] = 0$

便处于 U_{min} 最低能谷态以做最小功，尽可能保持环的体积不变。

这里设弹性模量为 1（实际为 $2(\mu + \lambda)$）。在这种情况下，

整个正应力系统很稳定。它包括式 4 – 52 和式 4 – 53：

$$\frac{1}{2}\oint(\phi-\phi_c)^2 dl = U'_{\min} \quad \text{和} \quad \oint(\phi-\phi_c)dl = 0$$

$$(4-52)$$

以及

$$\frac{1}{2}\left|\frac{\partial}{\partial n}\oint(\phi-\phi_c)dl\right|^2 = U_{\min}$$

$$\oint\frac{\partial}{\partial n}(\phi-\phi_c)dl = \frac{\partial}{\partial n}\oint(\phi-\phi_c)dl = 0 \quad (4-53)$$

此时，$|\theta| \leqslant \pi/2$。

式 4 – 53 被称为约束条件。为什么式 4 – 53 称为周向约束条件，而不是式 4 – 52？这是因为由式 4 – 67 中 $\partial C/\partial n = 0$，于是 $\oint(\phi-\phi_c)dl \approx 0$ 以及 $U'_{\min}$ 略比 $U_{\min}$ 高一点。若式 4 – 53 被满足，则整个正应力系统处于能谷态。所以我们只注意周向约束条件，其关键是确定 ϕ_c。

$\sigma'_{\theta\theta}$，σ'_{rr} 太大而不是真正的实际应力。环中的实际应力应为 $\sigma_{\theta\theta}$，σ_{rr}：$\sigma_{\theta\theta} + \sigma_{rr} = \phi - \phi_c$，其中 $\phi_c = \sigma^0_{\theta\theta} + \sigma^0_{rr}$。当然，$\sigma_{\theta\theta}$，$\sigma_{rr}$ 不满足双调和方程 $\nabla^2\phi = \nabla^4\psi = 0$，因为 $\nabla^2(\sigma_{\theta\theta} + \sigma_{rr}) \neq 0$。此外，$\sigma_{\theta\theta}$，$\sigma_{rr}$ 和 $\sigma^0_{\theta\theta}$，σ^0_{rr} 是 $\sigma'_{\theta\theta}$，σ'_{rr} 应力分解的结果。不过，$\sigma^0_{\theta\theta}$ 和 σ^0_{rr} 是两个略有差别的常数（请见 4. 4. 6 节）。但是 $\sigma_{r\theta}$ 与 $\sigma'_{r\theta}$ 一样，不变，因为 $\oint(\phi-\phi_c)dl = \oint(\sigma'_{\theta\theta} + \sigma'_{rr} - \phi_c)dl = 0$。由于与 $\sigma'_{r\theta}$ 的对称关系，$\sigma'_{r\theta}$ 留下积分以与外力 $-F/2$ 保持平衡：

$$\int_{\alpha_i}^{1}d\alpha\int_0^{\pi/2}\sigma'_{r\theta}dl = (-F/2Br)\int_{\alpha_i}^{1}h(\alpha)d\alpha\int_0^{\pi/2}\sin\theta r_o d\theta = -F/2$$

$$(4-54)$$

式中，$\int_{\alpha_i}^{1}h(\alpha)d\alpha = B$（请见式 4 – 78）。$\sigma'_{r\theta}$ 不像 $\sigma_{\theta\theta}$，σ_{rr} 那样，当 $|\theta|$ 从 0 至 $\pi/2$ 时后者要改变符号而尽可能使环的体积不变。$\sigma'_{r\theta}$ 不改变符号，也不影响环的体积。下面介绍 $\sigma_{\theta\theta}$，σ_{rr} 和 $\sigma_{r\theta}$ 用

于环中应力计算。

4.4.3 内外壁径向正应力和切向应力的边界条件

具体如下：

$$\sigma_{rr}\big|_{r_o} = 0, \ \sigma_{rr}\big|_{r_i} = 0, \ \sigma_{r\theta}\big|_{r_o} = 0, \ \sigma_{r\theta}\big|_{r_i} = 0 \quad (4-55)$$

4.4.4 力的宏观平衡条件

如图 4-7 所示，力的宏观平衡条件可表示为：

$$\left(\int_{r_i}^{r_o} \sigma_{\theta\theta}\mathrm{d}r\right)\cos\theta + \left(\int_{r_i}^{r_o} \sigma_{r\theta}\mathrm{d}r\right)\sin\theta = -F/2 \quad (4-56)$$

$$\left(\int_{r_i}^{r_o} \sigma_{\theta\theta}\mathrm{d}r\right)\sin\theta - \left(\int_{r_i}^{r_o} \sigma_{r\theta}\mathrm{d}r\right)\cos\theta = 0 \quad (4-57)$$

若 $\int_{r_i}^{r_o} \sigma_{\theta\theta}\mathrm{d}r = -F\cos\theta/2$ 及 $\int_{r_i}^{r_o} \sigma_{r\theta}\mathrm{d}r = -F\sin\theta/2$，那么，力的宏观平衡条件可满足。

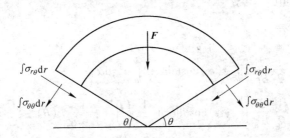

图 4-7 力的宏观平衡

4.4.5 力矩的宏观平衡条件

方位角为 θ 的截面的弯矩为：

$$M(\theta) = \int_{\alpha_i}^{1} \sigma_{\theta\theta}(\alpha,\theta)\left(\alpha - \frac{1+\alpha_i}{2}\right)r_o^2\mathrm{d}\alpha \quad (4-58)$$

设中径为：

$$(1 + \alpha_i) r_o /2 = R_a \qquad (4-59)$$

则 $M(\theta)$ 也满足力矩的宏观平衡条件:

$$M(\theta) = \left[\int_{r_i}^{r_o} \sigma_{\theta\theta}(0°) \, dr \right] R_a (1 - \cos\theta) + M(0°) \qquad (4-60)$$

式中, $\int_{r_i}^{r_o} \sigma_{\theta\theta}(0°) \, dr = - F\cos0°/2 = - F/2$。

如果式 4-60 成立, 那么力矩的宏观平衡条件被证明。

4.4.6 $\phi_c = \sigma_{\theta\theta}^0 + \sigma_{rr}^0$ 的起因

4.4.6.1 确定周向的附加应力 $\sigma_{\theta\theta}^0$

假定周向的附加应力 $\sigma_{\theta\theta}^0$ 等于下式:

$$\sigma_{\theta\theta}^0 = - (F/2Br_o) [B\kappa(\theta)/(1 - \alpha_i) - C] \qquad (4-61)$$

式中, $\kappa(\theta)$ 对 α 是待求常数, 开始时假设随 θ 变化。周向应力的积分如下:

$$\int_{r_i}^{r_o} \sigma_{\theta\theta} \, dr$$

$$= - \frac{1}{2} \frac{F}{Br_o} \left[\int_{\alpha_i}^1 g(\alpha) \cos\theta \, d\alpha - \int_{\alpha_i}^1 \sigma_{\theta\theta}^0 \, d\alpha \right]$$

$$= - \frac{1}{2} \frac{F}{Br_o} \int_{\alpha_i}^1 g(\alpha) \cos\theta \, d\alpha + \frac{1}{2} \frac{F}{r_0} \int_{\alpha_i}^1 \left[\frac{1}{1-\alpha_i} \kappa(\theta) - \frac{C}{B} \right] d\alpha$$

$$= - \frac{1}{2} \frac{F}{Br_o} \left\{ \int_{\alpha_i}^1 [g(\alpha) \cos\theta + C] \, d\alpha - B\kappa(\theta) \int_{\alpha_i}^1 \frac{1}{1-\alpha_i} \, d\alpha \right\}$$

$$= - \frac{1}{2} \frac{F}{Br_o} \left\{ \int_{\alpha_i}^1 [g(\alpha) \cos\theta + C] \, d\alpha - \kappa(\theta) B \right\}$$

$$= - \frac{1}{2} \frac{F}{Br_o} \left\{ \int_{\alpha_i}^1 [g(\alpha) \cos\theta + C] \, d\alpha - \kappa(\theta) \int_{\alpha_i}^1 g(\alpha) \, d\alpha \right\}$$

$$= - \frac{1}{2} \frac{F}{Br_o} \left[\int_{\alpha_i}^1 g(\alpha) (\cos\theta - \kappa(\theta)) + C \right] d\alpha \qquad (4-62)$$

式中，$B = \int_{\alpha_i}^{1} g(\alpha)\mathrm{d}\alpha = \int_{\alpha_i}^{1} h(\alpha)\mathrm{d}\alpha = \ln\alpha_i + \xi(1 - \alpha_i^2)$（请见式 4-78）。因此，从 α_i 到 1 的积分效应来看，$\sigma_{\theta\theta} = -(F/2Br_o)[g(\alpha)(\cos\theta - \kappa(\theta)) + C]$ 和 $\sigma_{\theta\theta}^0 = -(F/2Br_o)[g(\alpha)\kappa(\theta) - C]$ 分别等于 $\sigma_{\theta\theta}' - \sigma_{\theta\theta}^0$ 和 $\sigma_{\theta\theta}^0 = -(F/2Br_o)[B\kappa(\theta)/(1 - \alpha_i) - C]$。表面上看，$\sigma_{\theta\theta}^0 = -(F/2Br_o)[g(\alpha)\kappa - C]$ 与 $\sigma_{\theta\theta}^0 = -(F/2Br_o)[B\kappa(\theta)/(1 - \alpha_i) - C]$ 不一样，实际上两者一样。后者是常数，这一点很重要。$\sigma_{\theta\theta}' = \sigma_{\theta\theta} + \sigma_{\theta\theta}^0$，$\sigma_{\theta\theta}$ 和 $\sigma_{\theta\theta}^0$ 是 $\sigma_{\theta\theta}'$ 分解的结果。但是 $\sigma_{\theta\theta}$ 满足周向约束条件，并大大降低系统的能量（见 4.4.7 节）。

4.4.6.2　确定 κ 值

考虑到力矩的平衡条件，有下式：

$$M(\theta) = \left[\int_{r_i}^{r_o} \sigma_{\theta\theta}(0°)\mathrm{d}r\right]Ra(1 - \cos\theta) + M(0°)$$

$$= -\frac{F}{4}(1 + \alpha_i)(1 - \cos\theta) + M(0°) \qquad (4-63)$$

所以：

$$-\frac{F}{2Br_o}\int_{\alpha_i}^{1} g(\alpha)(\alpha - \frac{1 + \alpha_i}{2})\mathrm{d}\alpha(\cos\theta - \kappa(\theta))$$

$$= -\frac{1}{4}F(1 + \alpha_i)(1 - \cos\theta) - \frac{F}{2Br_o}\int_{\alpha_i}^{1} g(\alpha)(\alpha - \frac{1 + \alpha_i}{2})\mathrm{d}\alpha(1 - \kappa(0°))$$

其中 $\sigma_{\theta\theta}$ 的 C 已被删去，因为它对弯矩无贡献（请见式 4-79）。将右端第二项移到左端，则有：

$$-\frac{F}{2Br_o}\int_{\alpha_0}^{1} g(\alpha)(\alpha - \frac{1 + \alpha_i}{2})\mathrm{d}\alpha[(1 - \cos\theta) - (\kappa(\theta) - \kappa(0°))]$$

$$= -\frac{1}{4}F(1 + \alpha_i)(1 - \cos\theta) \qquad (4-64)$$

其中，$\int_{\alpha_i}^{1} g(\alpha)\alpha\mathrm{d}\alpha = 0$（见式 4-80）及 $\int_{\alpha_i}^{1} g(\alpha)\mathrm{d}\alpha = B$（见式 4-78）。

因此：

$$-\frac{1}{4}F(1+\alpha_i)\big[(1-\cos\theta)-(\kappa(\theta)-\kappa(0^\circ))\big]$$

$$=-\frac{1}{4}F(1+\alpha_i)(1-\cos\theta) \tag{4-65}$$

那么 $\kappa(\theta)=\kappa(0^\circ)=\kappa=\text{const}$，与 θ 无关。对于方位角为 ϕ 的无弯矩 $M(\phi)=0$ 有下式：

$$\frac{F}{2Br_o}\int_{\alpha_i}^1 g(\alpha)(\alpha-\frac{1+\alpha_i}{2})\mathrm{d}\alpha(\cos\phi-\kappa)=0 \tag{4-66}$$

所以，$\kappa=\cos\varphi$，$\sigma_{\theta\theta}^0=-(F/2Br_o)[g(\alpha)\kappa-C]=-(F/2Br_o)[g(\alpha)\cos\varphi-C]$。$\kappa$ 与 $\sigma_{\theta\theta}^0$ 取决于 φ，它是无弯矩截面的方位角。这就是说，附加应力起因于弯矩及力矩的平衡。

4.4.7　证明满足周向约束条件

设 $\Phi=\phi-\phi_c=\sigma_{\theta\theta}'+\sigma_{rr}'-\phi_c$，那么：

$$\Phi=-(F/2Br_o)[h(\alpha)+g(\alpha)]\cos\theta-\phi_c \tag{4-67}$$

若此 Φ 替代式 4-53 中的 $\phi-\phi_c$，则仅当

$$\phi_c=-(F/2Br_o)\{[h(\alpha)+g(\alpha)]2/\pi-C\} \tag{4-68}$$

时，周向约束条件成立，其中 $\partial C/\partial n=0$，因此：

$$\Phi=-(F/2Br_o)\{[h(\alpha)+g(\alpha)](\cos\theta-2/\pi)+C\}$$

$$\tag{4-69}$$

式中，$C=2B/(1-\alpha_i)\pi$（见式 4-70）只与 $\sigma_{\theta\theta}$（见式 4-73）有关，而与 σ_{rr} 无关，因为 $\sigma_{rr}|_{r_o}=\sigma_{rr}|_{r_i}=0$ 而且 C 还与力平衡有关。因此，式 4-53：

$$\oint\frac{\partial}{\partial n}(\phi-\phi_c)\mathrm{d}l=\oint\frac{\partial}{\partial n}\Phi\mathrm{d}(r_o\theta)$$

$$=\oint\frac{\partial}{\partial n}(\sigma_{rr}+\sigma_{\theta\theta})\mathrm{d}(r_o\theta)=\frac{\partial}{\partial n}\oint(\sigma_{rr}+\sigma_{\theta\theta})\mathrm{d}(r_o\theta)$$

$$=-4(F/2B)\frac{\partial}{\partial n}\int_0^{\frac{\pi}{2}}[h(\alpha)+g(\alpha)](\cos\theta-2/\pi)\mathrm{d}\theta$$

$$= -4(F/2B)\frac{\partial}{\partial n}[h(\alpha) + g(\alpha)](\sin\theta - 2\theta/\pi)\Big|_0^{\frac{\pi}{2}} = 0$$

$$(4-70)$$

式中，$\partial[h(\alpha) + g(\alpha)]/\partial n \neq 0$ 且 $\partial C/\partial n = 0$。

于是，$\sigma_{\theta\theta}$，σ_{rr} 满足周向约束条件（见式 4-53）且正应力系统做最小功。但是，$\sigma'_{\theta\theta}$，σ'_{rr} 相反，不满足周向约束条件。从式 4-62 可得到：

$$\sigma_{\theta\theta}^0 = -(F/2Br_o)[g(\alpha)2/\pi - C]$$

$$= -(F/2Br_o)[g(\alpha)2/\pi - 2B/(1 - \alpha_i)\pi]$$

$$(4-71)$$

$$\sigma_{rr}^0 = -(F/2Br_o)[h(\alpha)2/\pi] \qquad (4-72)$$

4.4.8 圆环中最终应力解

具体如下：

（1）圆环中最终真实应力解如下：

$$\sigma_{\theta\theta}(\alpha,\theta) = -(F/2Br_o)[g(\alpha)(\cos\theta - 2/\pi) + 2B/(1 - \alpha_i)\pi]$$

$$(4-73)$$

$$\sigma_{rr}(\alpha,\theta) = -(F/2Br_o)[h(\alpha)(\cos\theta - 2/\pi)] \qquad (4-74)$$

$$\sigma_{r\theta}(\alpha,\theta) = -(F/2Br_o)h(\alpha)\sin\theta \qquad (4-75)$$

那么它们应被证明满足径向边界条件、力平衡条件、弯矩平衡条件，$\sigma_{\theta\theta}$ 满足周向约束条件使正应力系统处于能谷态。如上文所述，下面利用 $\sigma_{\theta\theta}$，σ_{rr} 而不是利用 $\sigma'_{\theta\theta}$，σ'_{rr} 来计算圆环中的应力。

（2）证明真实应力 $\sigma_{rr}(\alpha, \theta)$、$\sigma_{r\theta}(\alpha, \theta)$ 满足径向力边界条件。因为：$h(\alpha_i) = h(l) = 0$，简单推导式 4-74 和式 4-75，$h(\alpha) = [-1/\alpha + \xi(\alpha + \alpha_i^2/\alpha^3)]$ 便可证明满足径向力边界条件。

（3）证明真实应力 $\sigma_{\theta\theta}(\alpha, \theta)$、$\sigma_{rr}(\alpha, \theta)$、$\sigma_{r\theta}(\alpha, \theta)$ 满足宏观力平衡条件。将式 4-73、式 4-75 代入宏观力平衡条件

(式 4 – 56、式 4 – 47)，则：

$$\int_{r_i}^{r_o} \sigma_{\theta\theta} \mathrm{d}r = -(F/2B) \int_{\alpha_i}^{1} \left[g(\alpha)(\cos\theta - 2/\pi) + 2B/(1 - \alpha_i)\pi \right] \mathrm{d}\alpha$$

$$= -(F/2B) \left[\int_{\alpha_i}^{1} g(\alpha)\mathrm{d}\alpha(\cos\theta - 2/\pi) + 2B/\pi \right]$$

$$= -(F/2B) \left\{ \left[\int_{\alpha_i}^{1} g(\alpha)\mathrm{d}\alpha - B \right](\cos\theta - 2/\pi) + B\cos\theta \right\}$$

$$= -F\cos\theta/2 \tag{4-76}$$

$$\int_{r_i}^{r_o} \sigma_{r\theta} \mathrm{d}r = -(F/2B) \left[\int_{\alpha_i}^{1} h(\alpha)\mathrm{d}\alpha - B \right]\sin\theta - (F/2B)B\sin\theta$$

$$= -\frac{1}{2}F\sin\theta \tag{4-77}$$

当 $\int_{\alpha_i}^{1} g(\alpha)\mathrm{d}\alpha - B = \int_{\alpha_i}^{1} h(\alpha)\mathrm{d}\alpha - B = 0$，即：

$$B = \int_{\alpha_i}^{1} g(\alpha)\mathrm{d}\alpha = \int_{\alpha_i}^{1} h(\alpha)\mathrm{d}\alpha = \ln\alpha_i + \xi(1 - \alpha_i^2) \tag{4-78}$$

宏观力平衡条件被证明满足。至此，B 和 C 便被确定了。

（4）证明真实应力 $\sigma_{\theta\theta}(\alpha, \theta)$、$\sigma_{rr}(\alpha, \theta)$、$\sigma_{r\theta}(\alpha, \theta)$ 满足宏观力矩平衡条件。对于弯矩 $M(\theta)$ 来说，可以看出，包含在 $\sigma_{\theta\theta}(\alpha, \theta)$ 中的 $2B/(1 - \alpha_i)\pi$ 项对弯矩无贡献，这是因为

$$\int_{\alpha_i}^{1} \left[2B/(1 - \alpha_i)\pi \right]\left(\alpha - \frac{1 + \alpha_i}{2} \right)r_o^2\mathrm{d}\alpha$$

$$= \left[2B/(1 - \alpha_i)\pi \right]r_o^2 \int_{\alpha_i}^{1} \left(\alpha - \frac{1 + \alpha_i}{2} \right)\mathrm{d}\alpha = 0 \tag{4-79}$$

其中，$\int_{\alpha_i}^{1} \left(\alpha - \frac{1 + \alpha_i}{2} \right)\mathrm{d}\alpha = \frac{(1 - \alpha_i^2)}{2} - \frac{(1 + \alpha_i)(1 - \alpha_i)}{2} = 0$。

将 $\sigma_{\theta\theta}(\alpha, \theta)$ 的式 4 – 73 和 $M(\theta)$ 的式 4 – 58 代入力矩平衡条件式 4 – 63，但不包括 $2B/(1 - \alpha_i)\pi$ 项，这是因为式 4 – 79 的缘故，于是有下式：

$$\frac{F}{2B}\int_{\alpha_i}^{1} g(\alpha)\left(\alpha - \frac{1 + \alpha_i}{2} \right)\mathrm{d}\alpha\left(\cos\theta - \frac{2}{\pi} \right)$$

$$= -\frac{1}{4}F(1 + \alpha_i)(1 - \cos\theta) +$$

$$\frac{F}{2B}\int_{\alpha_i}^1 g(\alpha)\left(\alpha - \frac{1 + \alpha_i}{2}\right)d\alpha\left(1 - \frac{2}{\pi}\right)$$

将右端第二项移至左端,则变成下式:

$$\frac{F}{2B}\int_{\alpha_i}^1 g(\alpha)\left(\alpha - \frac{1 + \alpha_i}{2}\right)d\alpha(1 - \cos\theta) = -\frac{F}{4}(1 + \alpha_i)(1 - \cos\theta)$$

又进一步简化为:

$$\frac{F}{2B}\int_{\alpha_i}^1 g(\alpha)\left(\alpha - \frac{1 + \alpha_i}{2}\right)d\alpha = \frac{F}{2B}\left[\int_{\alpha_i}^1 g(\alpha)\alpha d\alpha - \frac{1 + \alpha_i}{2}\int_{\alpha_i}^1 g(\alpha)d\alpha\right]$$

$$= -\frac{F}{2B}\frac{1 + \alpha_i}{2}\int_{\alpha_i}^1 g(\alpha)d\alpha = -\frac{F}{4}(1 + \alpha_i)$$

请注意:

$$\int_{\alpha_i}^1 g(\alpha)\alpha d\alpha = \alpha_i - 1 + \xi(1 - \alpha_i + \alpha_i^2 - \alpha_i^3) = 0$$

$$(4 - 80)$$

可见 $B = \int_{\alpha_i}^1 g(\alpha)d\alpha$。但是,$B$ 已由式 4 - 78 确定了。

(5) 证明真实应力 $\sigma_{\theta\theta}(\alpha, \theta)$、$\sigma_{rr}(\alpha, \theta)$、$\sigma_{r\theta}(\alpha, \theta)$ 满足力平衡微分方程成立。已有极坐标的力平衡微分方程:

径向:$r\frac{\partial\sigma_{rr}}{\partial r} + (\sigma_{rr} - \sigma_{\theta\theta}) + \frac{\partial\sigma_{r\theta}}{\partial\theta} = 0$ 或 $\frac{\partial\sigma_{rr}}{\partial r} + \frac{(\sigma_{rr} - \sigma_{\theta\theta})}{r} + \frac{1}{r}\frac{\partial\sigma_{r\theta}}{\partial\theta} = 0$

（见式 4 - 32）

切向:$\frac{\partial\sigma_{\theta\theta}}{\partial\theta} + r\frac{\partial\sigma_{r\theta}}{\partial r} + 2\sigma_{r\theta} = 0$ 或 $\frac{1}{r}\frac{\partial\sigma_{\theta\theta}}{\partial\theta} + \frac{\partial\sigma_{r\theta}}{\partial r} + \frac{2\sigma_{r\theta}}{r} = 0$

（见式 4 - 33）

先证明当:

$$\sigma'_{\theta\theta}(\alpha, \theta) = -\frac{1}{2}\frac{F}{Br_o}g(\alpha)\cos\theta \qquad （见式 4 - 46）$$

$$\sigma'_{rr}(\alpha, \theta) = -\frac{1}{2}\frac{F}{Br_o}h(\alpha)\cos\theta \qquad （见式 4 - 47）$$

$$\sigma'_{r\theta}(\alpha,\theta)=\sigma_{r\theta}(\alpha,\theta)=-\frac{1}{2}\frac{F}{Br_o}h(\alpha)\sin\theta$$

（见式 4－48）

时满足极坐标的力平衡微分方程。为方便起见，推导时略去系数项，于是有：

径向：　　$r\dfrac{\partial h(\alpha)\cos\theta}{\partial r}-+[h(\alpha)-g(\alpha)]\cos\theta+\dfrac{\partial h(\alpha)\sin\theta}{\partial\theta}$

$$=[\alpha\frac{\partial h(\alpha)}{\partial\alpha}+2h(\alpha)-g(\alpha)]\cos\theta$$

$$=\{\alpha[\frac{1}{\alpha^2}+\xi(1-\frac{3\alpha_0^2}{\alpha^4})]-\frac{1}{\alpha}-\xi(1-\frac{3\alpha_0^2}{\alpha^3})\}\cos\theta=0$$

切向：　　$-g(\alpha)\sin\theta+\alpha\dfrac{\partial h(\alpha)}{\partial\alpha}\sin\theta+2h(\alpha)\sin\theta$

$$=[-g(\alpha)+\alpha\frac{\partial h(\alpha)}{\partial\alpha}+2h(\alpha)]\sin\theta=0$$

上两式中方括号中项是一样的，都为零。尽管 $\sigma'_{\theta\theta}(\alpha,\theta)$、$\sigma'_{rr}(\alpha,\theta)$、$\sigma'_{r\theta}(\alpha,\theta)$ 满足极坐标的应力平衡方程，但因为它们太大，不是实际应力解。在 4.4.2 节指出，实际应力解为 $\sigma_{\theta\theta}(\alpha,\theta)$、$\sigma_{rr}(\alpha,\theta)$、$\sigma_{r\theta}(\alpha,\theta)$。现在来证明它们满足极坐标的力平衡微分方程。

因为 $B=\displaystyle\int_{\alpha_i}^{1}g(\alpha)\mathrm{d}\alpha=\int_{\alpha_i}^{1}h(\alpha)\mathrm{d}\alpha=\ln\alpha_i+\xi(1-\alpha_i^2)$，由此可得：

$$\int_{r_i}^{r_o}\sigma_{rr}\mathrm{d}r=-\frac{1}{2}\frac{F}{B}\int_{\alpha_i}^{1}h(\alpha)(\cos\theta-\frac{2}{\pi})\mathrm{d}\alpha$$

$$=-\frac{1}{2}\frac{F}{B}[\int_{\alpha_i}^{1}h(\alpha)\cos\theta-\frac{2}{\pi}\int_{\alpha_i}^{1}h(\alpha)]\mathrm{d}\alpha$$

$$=-\frac{1}{2}\frac{F}{B}[\int_{\alpha_i}^{1}h(\alpha)\cos\theta\mathrm{d}\alpha-\frac{2}{\pi}B]$$

$$=-\frac{1}{2}\frac{F}{B}[\int_{\alpha_i}^{1}h(\alpha)\cos\theta\mathrm{d}\alpha-\frac{2}{\pi}\int_{\alpha_i}^{1}\frac{B}{1-\alpha_i}\mathrm{d}\alpha]$$

$$= -\frac{1}{2}\frac{F}{B}\int_{\alpha_i}^1 h(\alpha)\cos\theta \mathrm{d}\alpha + \frac{1}{2}F\frac{2}{\pi}\int_{\alpha_i}^1 \frac{1}{1-\alpha_i}\mathrm{d}\alpha$$

$$= -\frac{1}{2}\frac{F}{B}\int_{\alpha_i}^1 h(\alpha)\cos\theta \mathrm{d}\alpha + \sigma_{as}$$

因此，$-\frac{1}{2}\frac{F}{B}h(\alpha)\left(\cos\theta - \frac{2}{\pi}\right)$ 与 $-\frac{1}{2}\frac{F}{B}h(\alpha)\cos\theta + \frac{1}{2}F\frac{2}{\pi}$

$\frac{1}{1-\alpha_i}$ 等效，它们都是径向应力，只是表现形式不一样。这一点很重要，是证明极坐标下的力平衡微分方程的关键。

在 $\mathrm{d}r$、$\mathrm{d}\theta$ 范围内径向附加应力（additional stress，σ_{ad}）为

$\frac{1}{2}F\frac{2}{\pi}\frac{1}{1-\alpha_i} = C = \mathrm{const}$，$C$ 是常数。也就是说：

$$\sigma_{\theta\theta} = \sigma'_{\theta\theta} + C \qquad \sigma_{rr} = \sigma'_{rr} + C \qquad \sigma_{r\theta} = \sigma'_{r\theta}$$

前面已证明 $\sigma'_{\theta\theta}(\alpha, \theta)$、$\sigma'_{rr}(\alpha, \theta)$、$\sigma'_{r\theta}(\alpha, \theta)$ 满足极坐标的力平衡方程，那么实际应力解 $\sigma_{\theta\theta}(\alpha, \theta)$、$\sigma_{rr}(\alpha, \theta)$、$\sigma_{r\theta}(\alpha, \theta)$ 也满足极坐标的应力平衡方程。因为两者仅仅相差一个常数项。为清楚起见，现在再做极坐标中的四个角点，分别为 1、2、3、4 的微分单元，如图 4-8 所示。因此，微分小单元中四个角上 1（在右下角）、2、3、4（逆时针）点的径向应力分别为：

1 点：$-\frac{1}{2}\frac{F}{B}h(\alpha)\cos\theta + \frac{1}{2}F\frac{2}{\pi}\frac{1}{1-\alpha_i}$

2 点：$-\left\{-\frac{1}{2}\frac{F}{B}\left[h(\alpha) + \frac{\partial h}{\partial r}\mathrm{d}r\right]\cos\theta + \frac{1}{2}F\frac{2}{\pi}\frac{1}{1-\alpha_i}\right\}$

3 点：$-\frac{1}{2}\frac{F}{B}h(\alpha)\cos(\theta + \Delta\theta) + \frac{1}{2}F\frac{2}{\pi}\frac{1}{1-\alpha_i}$

4 点：$-\left\{-\frac{1}{2}\frac{F}{B}\left[h(\alpha) + \frac{\partial h}{\partial r}\mathrm{d}r\right]\cos(\theta + \Delta\theta) + \frac{1}{2}F\frac{2}{\pi}\frac{1}{1-\alpha_i}\right\} =$

$-\left\{-\frac{1}{2}\frac{F}{B}\left[h(\alpha)\cos(\theta + \Delta\theta) + \frac{\partial h}{\partial r}\mathrm{d}r\cos(\theta + \Delta\theta)\right] + \frac{1}{2}F\frac{2}{\pi}\frac{1}{1-\alpha_i}\right\}$

在 $\mathrm{d}r$ 范围内径向应力叠加并抵消后为：

$$\mathrm{d}r\Big[\frac{\partial h}{\partial r}\cos(\theta+\Delta\theta)-\frac{\partial h}{\partial r}\cos\theta\Big]=-\mathrm{d}r\frac{\partial h}{\partial r}\sin\theta$$

在 $\mathrm{d}r$, $\mathrm{d}\theta$ 范围内径向应力增量为:

$$r\Big[\frac{\partial h}{\partial r}\cos(\theta+\Delta\theta)-\frac{\partial h}{\partial r}\cos\theta\Big]\mathrm{d}r=\Big(-r\frac{\partial h}{\partial r}\sin\theta\Big)\mathrm{d}\theta\mathrm{d}r$$

在 $\mathrm{d}r$, $\mathrm{d}\theta$ 范围内径向附加应力不参加应力平衡, 也就是说, 力微分平衡方程不包含常数项。切向也一样。总之, 微分小单元中四个角点的常数项, 因正和负相互抵消。所以真实应力 $\sigma_{\theta\theta}$ (α, θ)、$\sigma_{rr}(\alpha, \theta)$、$\sigma_{r\theta}(\alpha, \theta)$ 的应力微分平衡方程也同样成立。

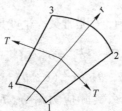

图 4 - 8　极坐标中的小单元体 1、2、3、4

r—径向；T—切向

4.4.9　环中存在的附加压缩和无膨胀点的位移

等价力 F/π 压缩圆环见图 4 - 9。从图 4 - 9 中可以看出包含在 $\sigma_{\theta\theta}(\alpha, \theta)$ 在式 4 - 73 中的项 $2B/(1-\alpha_i)\pi$ 将造成沿周向附加压应力和应变 (Frocht, 1946)。因此由于此附加压应变, 无膨胀点便从 $\cos^{-1}2/\pi$ 离开发生位移 (式 4 - 73)。对于 α 来说, 当 $\sigma_{\theta\theta}(\alpha, \theta)=0$ 且当 $\theta=\varphi$ 时, 我们便能从式 4 - 73 得到 $\cos\varphi(\alpha)$:

$$\begin{aligned}\cos\varphi(\alpha)&=2/\pi[1-B/(1-\alpha_i)g(\alpha)]\\&=2/\pi\{1-[\ln\alpha_i+\xi(1-\alpha_i^2)]/[(1-\alpha_i)g(\alpha)]\}\end{aligned}$$

$$(4-81)$$

对外壁有 $\alpha=1$, $g(\alpha)=-1+\xi(3-\alpha_i^2)$, 于是:

$$\cos\varphi_{\text{out}}=2/\pi\{1-[\ln\alpha_i+\xi(1-\alpha_i^2)]/(1-\alpha_i)[-1+\xi(3-\alpha_i^2)]\}$$

$$(4-82)$$

对内壁有 $\alpha = \alpha_i$, $g(\alpha) = -1/\alpha_i + \xi(3\alpha_i - 1/\alpha_i)$, 于是:

$$\cos\varphi_{in} = 2/\pi\{1 - [\ln\alpha_i + \xi(1 - \alpha_i^2)]/(1 - \alpha_i)$$
$$[-1/\alpha_i + \xi(3\alpha_i - 1/\alpha_i)]\} \tag{4-83}$$

$\varphi_{out} < \cos^{-1}2/\pi = 50.46°$, $\varphi_{in} > \cos^{-1}2/\pi = 50.46°$

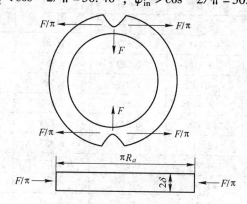

图 4-9 等价力 F/π 压缩圆环

4.4.10 计算结果

表 4-1 示出，利用式 4-73～式 4-75 计算出方位角 θ 为 0°和 $\pi/2$ 时的周向应力，表中以 $2F/\pi r_o$ 作为单位应力。式 4-81～式 4-83 将分别用于计算无膨胀应变点的方位角。

表 4-1 仅对方位角 θ 为 $\pi/2$ 和 0°时内、外壁上计算出周向应力

厚度 α_i	外 壁		内 壁	
	$\theta = \frac{\pi}{2}$	$\theta = 0$	$\theta = \frac{\pi}{2}$	$\theta = 0$
0.95	-1150.4	641.0	1190.5	-695.2
0.90	-275.45	149.37	295.5	-176.5
0.85	-184.85	61.61	130.53	-79.74
0.80	-62.950	32.00	73.06	-45.63
0.75	-38.450	18.81	46.60	-29.74
0.70	-25.448	11.91	32.30	-21.06
0.65	-17.294	7.913	23.75	-15.80

续表 4 - 1

厚度 α_i	外 壁		内 壁	
	$\theta = \frac{\pi}{2}$	$\theta = 0$	$\theta = \frac{\pi}{2}$	$\theta = 0$
0.60	- 12.945	5.426	18.24	- 12.38
0.55	- 9.703	3.793	14.51	- 10.03
0.50	- 7.441	2.677	11.88	- 8.354
0.45	- 5.811	1.889	9.983	- 7.126
0.40	- 4.602	1.318	8.588	- 6.211
0.35	- 3.690	0.895	7.562	- 5.525
0.30	- 2.976	0.577	6.825	- 5.018
0.25	- 2.418	0.333	6.337	- 4.664
0.20	- 1.970	0.143	6.100	- 4.463
0.15	- 1.604	- 0.008	6.184	- 4.454
0.10	- 1.297	- 0.133	6.851	- 4.787
0.05	- 1.024	- 0.242	9.420	- 6.204
0	不成立			

注：$2F/\pi r_o$ 作为单位应力，环厚 W 设为 1。

  表 4 - 2 示出的是计算出的受压圆环外和内壁上的无膨胀应变点的方位角 φ_{out} 和 φ_{in} 以及相应的余弦。从表 4 - 2 可以看出，圆环外壁上的无膨胀应变点的方位角 φ_{out} 随环厚（即 α_i）增加而减小，相反，圆环内壁上的无膨胀应变点的方位角 φ_{in} 随环厚增加而增加。当 $\alpha_i = 0.5$ 和 0.7 时，圆环外和内壁上的无膨胀应变点早被 Frocht（1946）指定为所谓奇点（singularity points），如表 4 - 3 所示。这与光测弹性力学结果（Frocht，1946）一致。

表 4 - 2　受压缩载荷时内壁上的无膨胀应变点的方位角及相应余弦值

α_0	0.964	0.9	0.7	0.5	0.4
$\varphi_{in}/(°)$	50.8	51.20	52.41	53.16	53.33
$\cos\varphi_{in}$	0.6320	0.6266	0.610	0.5996	0.5922
$\varphi_{out}/(°)$	50.10	49.62	47.60	44.7	42.70
$\cos\varphi_{out}$	0.64145	0.6478	0.6747	0.7110	0.7349

表 4-3 圆环受压缩载荷时光弹测试得到的奇点方位角

项　目	φ_{in}	φ_{out}
$\alpha_0 = 0.5$	53.5 ± 0.5	44.5 ± 0.5
$\alpha_0 = 0.7$	53.0 ± 0.5	47.0 ± 0.5

圆环中应力计算是平面应变场中的一个典型问题。下面各式成立（Frocht，1946）：

$$p(\alpha,\theta) = 1/2\left[\sigma_{\theta\theta}(\alpha,\theta) + \sigma_{rr}(\alpha,\theta) + \sqrt{[\sigma_{\theta\theta}(\alpha,\theta) - \sigma_{rr}(\alpha,\theta)]^2 + 4\sigma_{r\theta}^2(\alpha,\theta)}\right]$$
(4-84)

$$q(\alpha,\theta) = 1/2\left[\sigma_{\theta\theta}(\alpha,\theta) + \sigma_{rr}(\alpha,\theta) - \sqrt{[\sigma_{\theta\theta}(\alpha,\theta) - \sigma_{rr}(\alpha,\theta)]^2 + 4\sigma_{r\theta}^2(\alpha,\theta)}\right]$$
(4-85)

$$\tau_{max}(\alpha,\theta) = 1/2\sqrt{[\sigma_{\theta\theta}(\alpha,\theta) - \sigma_{rr}(\alpha,\theta)]^2 + 4\sigma_{r\theta}^2(\alpha,\theta)}$$
(4-86)

或

$$\tau_{max}(\alpha,\theta) = (p-q)/2 \qquad (4-87)$$

式中，$p(\alpha,\theta)$ 和 $q(\alpha,\theta)$ 及 $\tau_{max}(\alpha,\theta)$ 分别是两个互相垂直的正应力和最大切应力。本书利用式 4-84～式 4-87 计算出，当 $\alpha_i = 0.5,0.7$ 时最大切应力 $\tau_{max}(\alpha,\theta)$ 条纹及内外壁上的奇点位置，并分别示于图 4-10 和图 4-11 中。这与光测弹性力学结果（Frocht，1946）一致。

4.4.11 小结

具体如下：

（1）式 4-73～式 4-75 和式 4-81～式 4-83 可用于式 4-85～式 4-87 中，计算出和绘出最大切应力 $\tau_{max}(\alpha,\theta)$ 条纹及内外壁上的奇点位置。$\sigma_{\theta\theta}$，σ_{rr}（式 4-73 和式 4-74）满足周向约束条件且正应力系统处于能谷态。

（2）内外壁上的奇点位置的歧化移动是圆环中存在附加压缩应变与应力的一个证据。

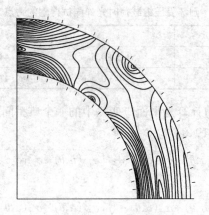

图 4 – 10　$\alpha_0 = 0.7$ 的 1/4 圆环中计算的等最大剪切应力轮廓线

（应力步长 $1.2F/\pi r_o$）

图 4 – 11　$\alpha_0 = 0.5$ 的 1/4 圆环中等最大切应力轮廓线

（应力步长 $0.4F/\pi r_o$）

　　（3）无弯矩（即当 $\theta = \varphi$ 时，$M(\varphi) = 0$）截面的方位角 φ 永远等于 $\cos^{-1} 2/\pi$，与圆环的厚度无关。

5 ‖ X 射线技术在晶体结构及应力、应变分析中的应用

X 射线在医学上、工业上和科学研究上有着广泛的应用，特别是在研究晶体结构方面有它的独到之处。在半导体的测试技术上也有许多应用，这些应用大致可以分为如下几方面：

（1）X 射线测定晶体取向（X 射线定向）；

（2）X 射线测定晶体点阵常数和晶体结构及晶粒大小；例如，DNA 的双螺旋结构就是用 X 射线测定的；

（3）X 射线形貌技术观察晶体缺陷（位错、层错、微缺陷漩涡花纹、杂质偏析与沉淀、应变场）；

（4）测量晶片的弯曲度；

（5）测定半导体晶体表面加工损伤层；

（6）测定应力及应变分布，X 射线测定同一材料中有无应力区时晶体面间距的变化方能测定应力；

（7）测定材料中组分及均匀性、梯度。例如，扫描电镜的电子探针就可用作这种分析。

5.1 X 射线的性质及其产生

5.1.1 X 射线的性质

X 射线在本质上与可见光相同，都是一种电磁波，但它的波长要短得多。通常，X 射线的波长范围约为 0.001 ~ 10nm，介于 γ 射线和紫外线之间。在研究晶体结构时常用的 X 射线波长约在 0.05 ~ 0.25nm 之间。因为 X 射线的波长很短、能量很高，所以有很强的穿透物体的能力。一般称波长短的 X 射线为硬 X 射线，波长长的 X 射线称为软 X 射线，以此来表示它们的穿透能力。

实验证明，当 X 射线穿过物质时，其强度会衰减，而衰减的程度与所经过物体的厚度成负指数关系。

如图 5 - 1 所示，入射 X 射线束
的强度为 I_0，穿过厚度为 x 的物体
后，其强度表减为 I，经实验证明它
们存在如下关系：

$$I = I_0 e^{-\mu x} \qquad (5-1)$$

式中，μ 为物体对 X 射线的线吸收系
数，简称吸收系数，cm^{-1}；对于一
定的物质及一定波长的 X 射线来说，

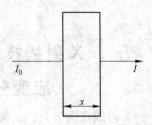

图 5 - 1　X 射线穿过样品时
的衰减情况

μ 是常数。式中的负号表示 X 射线的强度随通过物体的距离增加
而逐渐衰减。

如果透过 X 射线的物体是很薄的（x 很小），即 $\mu x < 1$（$x <$
$\frac{1}{\mu}$），那么由式 5 - 1 可以得出透过物体的 X 射线的强度应为：

$$I > \frac{1}{e} I_0$$

也就是说，此时透过物体的 X 射线强度大于 $0.366 I_0$。又如锗单
晶对 $Cu - K_\alpha$ 线的线吸收系数为 $352 cm^{-1}$，当 $x = 0.1 mm$ 时，透
过的 X 射线的强度为 $I_0 e^{-3.52} \approx I_0 \frac{1}{34} \approx 0.03 I_0$；当 $x = 1 mm$ 时，
透过的 X 射线的强度为 $I_0 e^{-35.2} \approx 5 \times 10^{-15} I_0$。由此可见，样品
的厚度增加 10 倍，X 射线透过的强度要降低 e^{10}。X 射线对厚度
在 1 mm 内的硅单晶样品有一定的透射强度。

5.1.2 X 射线的产生

发射 X 射线的管子叫做 X 射线管（或叫 X 光管），它的构
造示意图见图 5 -2。

X 射线管一般是由玻璃制造的圆柱形管子，管内真空度很
高，大约相当于 $10^{-5} \sim 10^{-3} Pa$ 的压力。它的主要部件有：

（1）阴极。阴极是灯丝，通常用钨丝卷成，通上 3 ~ 4A 电
流，把它加热到白热状态。若在阴极和阳极之间加上高压电

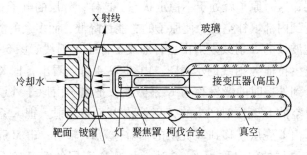

图5-2 X射线管示意图

(30~50kV)，则钨丝周围的热电子即向阳极做加速运动。

（2）阳极。阳极通常称为靶，为某种金属（如铜、镍、钴）的磨光面。当高速运动的电子与阳极相碰时，便骤然停止运动。此时电子的能量大部分变为热能，一部分变成X射线光能，由靶面射出。

（3）X射线谱。可以把由普通X射线管中发出的X射线分为两组：一组是具有连续各种波长的X射线，构成连续X射线谱。这种连续谱线的X射线，因为与白色光相似，也是各种波长辐射的混合体，所以也叫做白色X射线或多色X射线。另外一组是若干具有一定波长的X射线谱，叠加在连续X射线谱上，称为特征（或标识）X射线。这种特征谱线和阳极材料有关，一定的阳极材料对应一定波长的标识X射线，因此也叫单色X射线。图5-3示出了X射线强度与波长的关系曲线，称该曲线为X射线谱。

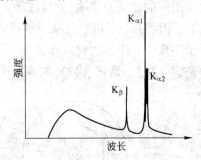

图5-3 阳极靶发射X射线强度与
波长的关系曲线

产生特征X射线的原因可解释如下：当高速的阴极电子流轰击阳极时，便将阳极物质原子深层的某些电子击出而转移到外部壳层，这时原子就处于不稳定状态。这样，外层的电子立即又会跃迁到内部填补空位，使原子的总能量降低，而多余的能量就以一定波长的 X 射线发射出去，形成了特征 X 射线。图 5 - 4 示出了产生特征 X 射线的示意图。由图 5 - 4 可以看出，把 K 层电子跃迁到外层时的激发称为 K 系激发，把电子由原子外层跃迁回此时空的 K 壳层时产生的 X 射线称为 K 系辐射。把 K 系辐射中电子由 L 壳层转移到 K 壳层的辐射称为 K_α 辐射；由 M 壳层转移到 K 壳层的辐射称为 K_β 辐射。由于 M 壳层的能量较 L 壳层高，产生 K_β 时原子能量降低得多，所以 K_β 辐射的波长比 K_α 短。但是电子由 M 壳层跃迁到 K 壳层的几率比由 L 壳层跃迁到 K 壳层的几率小，因此 K_β 线的强度比 K_α 线的小。在晶体结构分析中常用 K 系 X 射线。因为不同原子能级的位置是不一样的，所以 K_α 和 K_β 的波长视阳极材料而定。若进一步细分，又可把 K_α 线分为波长比较接近的 $K_{\alpha 1}$ 和 $K_{\alpha 2}$ 线，它们由能级的精细结构形成。一般说来，$K_{\alpha 1}$，$K_{\alpha 2}$ 和 K_β 辐射的强度比接近于 $1:0.5:0.2$。表 5 - 1 列出了常用的阳极靶材料铜、钼、钴的 $K_{\alpha 1}$，$K_{\alpha 2}$ 和 K_β 线的波长。由于在单色 X 射线衍射法的晶体定向中采用单色 X 光，故需用薄的滤光片把 K_β 射线滤掉，否则由于 K_β 和 K_α 都被晶体衍射，而引起衍射混乱，从而得到错误的结果。一般选用比阳极原子序数小 1 或 2 的材料作滤光片。例如，铜靶（29）的滤光片是镍（28），钴靶（42）的滤光片是铌（41）等。

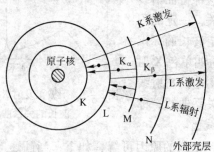

图 5 - 4 特征 X 射线产生的示意图

表 5 - 1   阳极靶的特征 X 射线波长   （m）

射线		铜	钼	钴
K_α	$K_{\alpha 1}$	1.54061×10^{-10}	0.70926×10^{-10}	1.78892×10^{-10}
	$K_{\alpha 2}$	1.54433×10^{-10}	0.71354×10^{-10}	1.79278×10^{-10}
K_β		1.39217×10^{-10}	0.63225×10^{-10}	1.62075×10^{-10}

产生 X 射线谱中的连续谱是由于高速运动的电子与阳极物质撞击时，因动能降低而同时发射不同波长的 X 射线。电子穿透深度不同，动能降低程度也不一样，因此便产生了波长不等的 X 射线，从而组成了连续谱。波长最短的是那些保持原有动能的电子失去全部动能并转化发生的 X 射线。加速电压越高，电子获得的动能越高，"白色" X 射线的短波线波长就越短。

5.2   X 射线在晶体中的衍射现象

若让一束连续波长的 X 射线照射到一小片单晶体上（图 5 - 5），在照相底片上除了透射光束形成的中心斑点以外，还可以出现其他许多斑点，这些斑点的存在表明有偏离原入射方向的 X 射线存在。把 X 射线遇到晶体以后改变其前进方向的现象，称为 X 射线的衍射现象。把偏离原来入射方向的这种 X 射线束，称为衍射线。

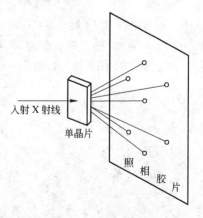

图 5 - 5   X 射线的衍射现象

5.2.1   X 射线衍射理论基础

X 射线在晶体中所发生的衍射现象与 X 射线的交变电磁场和原子周围的电子相互作用有关。当 X 射线向原子的电子云入射时，原子周围的电子便受到振动的电场作用，并向四面八方发射出与入射线有相同振动频率的相干电磁波，这就是原子对 X 射线的散射现象。

5.2.1.1　一个电子对 X 射线的散射

在考察原子的电子云对 X 射线的散射之前首先讨论一下一个自由电子对 X 射线的散射情况。设有一个平面偏振电磁波沿 ox 方向传播（图 5-6），电磁波的电场矢量 $\boldsymbol{E}_0$ 与 ox 垂直。该波在 o 点处遇到一个完全自由的电子。电子受电场 $\boldsymbol{E}_0$ 的作用产生一加速度 $\boldsymbol{\gamma} = -q\boldsymbol{E}_0/m$。其中，$q$ 为电子电荷；m 为电子的质量。依据经典电磁理论，这个正在做加速运动的电子会发射出电磁波，电磁波在 P 点的电场矢量的值为：

$$E = -\frac{\gamma q \sin\phi}{4\pi\varepsilon_0 Rc^2} = \frac{E_0 q^2 \sin\phi}{4\pi\varepsilon_0 Rmc^2}$$

式中，q 为电子电荷量，$q = 1.6 \times 10^{-19}$ C；c 为光速，$c = 3 \times 10^8$ m/s；R 为 oP 的距离；ϕ 为 oP 和电子加速度 $\boldsymbol{\gamma}$ 间的夹角，$\boldsymbol{E}$ 在 $(oP, \boldsymbol{\gamma})$ 的平面中，如图 5-6 所示。

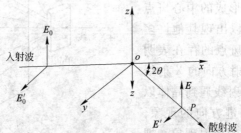

图 5-6　入射 X 射线被自由电子散射的示意图

取 (oP, ox) 平面作为 oxy 平面，而令衍射角为 2θ。先假设 $\boldsymbol{E}_0$ 沿 (oP, ox) 平面的法线方向，在这种情况下当 $\phi = 90°$ 时，则有：

$$E = \frac{E_0 q^2}{4\pi e_0 Rmc^2}$$

这时就可把 E 看成是电子对入射波产生的衍射波的电场矢量。因为入射波强度 I_0 与衍射波强度 I 的比等于电场强度平方的比,于是:

$$I = I_0 \frac{q^4}{16\pi^2 \varepsilon_0^2 R^2 m^2 c^4}$$

再假设原电场矢量 E'_0 在平面 xoy 中,$\phi = \frac{\pi}{2} - 2\theta$(因为 E'_0 为 oy 方向),依式 $E = E_0 q^2 \sin\phi / (Rmc^2 4\pi\varepsilon_0)$,可以得到:

$$E' = \frac{E'_0 q^2 \cos 2\theta}{4\pi\varepsilon_0 Rmc^2}$$

衍射波强度为:

$$I' = I'_0 \frac{q^4 \cos^2 2\theta}{16\pi^2 \varepsilon_0^2 R^2 m^2 c^4}$$

如果入射的为非偏振光束,它就可以分解为两束强度相等,并都等于 $I_0/2$ 的偏振光。一束偏振光的电场矢量沿 oz 方向,另一束沿 oy 方向,于是在这样的一般情况下,散射强度为

$$I_e = \frac{I_0 q^4}{16\pi^2 R^2 m^2 c^4 \varepsilon_0^2}\left(\frac{1 + \cos^2 2\theta}{2}\right) \qquad (5-2)$$

这就是汤姆逊公式,式中的 2θ 为衍射角。

5.2.1.2 原子对 X 射线的散射因子

下面介绍将式 5-2 的汤姆逊公式应用于原子核周围分布的电子云场合的情况。这种场合与以上考察单个电子情况不同,必须考虑散射 X 射线的相干效应,这是因为在散射位置上 X 射线束存在位相差。即设入射 X 射线的波矢量为 k_0,散射 X 射线的波矢量为 k'。原点处与 r 位置上散射的 X 射线的位相差为 $2\pi i (k_0 - k') r$(图 5-7)。在弹性散射情况下,入射 X 射线和散射 X 射线的波长相等,即 $|k_0| = |k'| = \frac{1}{\lambda}$;又因 $\Delta K = k' - k_0$,所以位相差可以表示为 $2\pi i \Delta K \cdot r$。由图 5-8 可见,$|\Delta K| =$

$2|\boldsymbol{k}_0|\sin\theta = 2\sin\theta/\lambda$。假定原子的电子云密度为 $\rho_e(\boldsymbol{r})$，考虑整个电子云在 $\boldsymbol{k}'$ 方向上对散射波的贡献，应得到散射波的强度为：

$$I = I_0 \frac{q^4}{16\pi^2 R^2 m^2 c^4 \varepsilon_0^2}\left(\frac{1+\cos^2\theta}{2}\right)\left[\iiint\limits_{\text{原子}} \rho_e(\boldsymbol{r})\mathrm{e}^{-2\pi i\Delta\boldsymbol{K}\cdot\boldsymbol{r}}\mathrm{d}r\right]^2$$

$$(5-3)$$

上式括号中的积分因子：

$$\iiint\limits_{\text{原子}} \rho_e(\boldsymbol{r})\mathrm{e}^{-2\pi i\Delta\boldsymbol{K}\cdot\boldsymbol{r}}\mathrm{d}r = f_z \qquad (5-4)$$

把按这一公式定义的 f_z 称为原子对 X 射线的散射因子。于是

$$I = I_0 \frac{q^4}{16\pi^2 R^2 m^2 c^4 \varepsilon_0^2}\left(\frac{1+\cos^2\theta}{2}\right)f_z$$

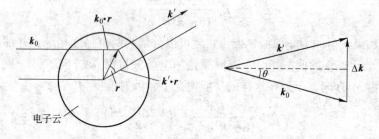

图 5-7　电子云对 X 射线的散射情况　　图 5-8　$\Delta\boldsymbol{K}$ 与 $\boldsymbol{k}'$ 和 $\boldsymbol{k}_0$ 的关系

5.2.1.3　晶胞对 X 射线的散射

假设晶胞内有 i 个原子，原子的位置矢量为 $\boldsymbol{r}_i$，原子散射因子为 f_i，散射波的强度是晶胞各原子对散射波的合成贡献，此时也应考虑各原子散射波的位相差 $2\pi i\Delta\boldsymbol{K}\cdot\boldsymbol{r}$ 造成的相干效应：

$$I = I_0 A_e^2\left(\sum_i f_i\mathrm{e}^{-2\pi i\Delta\boldsymbol{K}\cdot\boldsymbol{r}_i}\right) = I_0 A_e^2 F^2 \qquad (5-5)$$

其中 $A_e^2 = \dfrac{q^4}{16\pi^2 R^2 m^2 c^4 \varepsilon_0^2}\left(\dfrac{1+\cos^2\theta}{2}\right)$，而 $F = \displaystyle\sum_i f_i\mathrm{e}^{-2\pi i\Delta\boldsymbol{K}\cdot\boldsymbol{r}_i}$，后者又称为晶胞的结构因子。

5.2.1.4　完整晶体对 X 射线的散射

可以认为完整晶体是单位晶胞的周期排列，设它的周期矢量为 $\boldsymbol{a}$、$\boldsymbol{b}$、$\boldsymbol{c}$，称这些矢量为格矢。晶体内单位晶胞的位置可以表示如下：

$$\boldsymbol{r}_n = n_1\boldsymbol{a} + n_2\boldsymbol{b} + n_3\boldsymbol{c}$$

完整晶体对 X 射线的衍射是各晶胞贡献的叠加，同时应考虑由单位晶胞的位置 $\boldsymbol{r}_h$ 而引起的位相因子 $\mathrm{e}^{-2\pi i\Delta\boldsymbol{K}\cdot\boldsymbol{r}_n}$，于是散射 X 线的总强度为：

$$I = I_0 A_\mathrm{e}^2 \Big(\sum_n F_n \mathrm{e}^{-2\pi i\Delta\boldsymbol{K}\cdot\boldsymbol{r}_n}\Big)^2 \qquad (5-6)$$

5.2.2　强衍射条件与布喇格定律

由式 5-6 可以看出，除了某些特定 $\Delta\boldsymbol{K}$ 外，各晶胞对 I 的贡献作为平均相互抵消，I 是极小的。但是当 $\Delta\boldsymbol{K} = \boldsymbol{g}_{hkl}$ 时可以发生强衍射，其中 $\boldsymbol{g}_{hkl} = h\boldsymbol{a}^* + k\boldsymbol{b}^* + l\boldsymbol{c}^*$ 是倒易矢量。满足强衍射时，式 5-6 中指数项为：

$$\mathrm{e}^{-2\pi i\Delta\boldsymbol{K}\cdot\boldsymbol{r}_n} = \mathrm{e}^{-2\pi i(h\boldsymbol{a}^* + k\boldsymbol{b}^* + l\boldsymbol{c}^*)(n_1\boldsymbol{a} + n_2\boldsymbol{b} + n_3\boldsymbol{c})}$$

$$= \mathrm{e}^{-2\pi i(hn_1 + kn_2 + ln_3)} = 1$$

因此：

$$I = I_0 A_\mathrm{e}^2 \Big(\sum_n F_n\Big)^2 \qquad (5-7)$$

下面再把强衍射条件 $\Delta\boldsymbol{K} = \boldsymbol{g}_{hkl}$ 做一变化。利用 $|\Delta\boldsymbol{K}| = 2\sin\theta/\lambda$，又 $\|\boldsymbol{g}_{hkl}\| = d_{hkl}^{-1}$，代入其中可以得到如下布喇格定律：

$$\lambda = 2d_{hkl}\sin\theta \qquad (5-8)$$

通常把晶面指数为 (hkl) 的晶面称为衍射面（或称反射面），相应的衍射波波矢量为 $\boldsymbol{k}_g$。θ 是入射 X 射线与衍射面之间的掠射角，当它遵循布喇格定律时称为布喇格角。布喇格定律说明了 X 射线波长 λ、衍射晶面的面间距 d_{hkl} 和掠射角 θ 之间所要遵循的关系。图 5-9 中示出了这种关系。

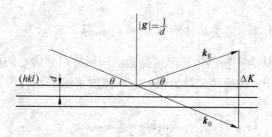

图5-9 衍射面发生布喇格反射情况

5.2.3 爱瓦尔德图

布喇格定律可以在倒易空间中用图解的形式表示出来，这种图称为爱瓦尔德图。

爱瓦尔德图可以解决这样一个基本问题：对于一确定波矢量 k_0 的入射 X 射线，可以知道晶体在什么取向情况下发生衍射以及衍射线的方向。假定晶体取向如图 5-10a 所示，其倒易点阵如图 5-10b 所示。以倒易点阵的原点 O 为末端引入射 X 射线的波矢量 k_0，矢量的起点为 Q 点。以 Q 点为圆心，以 $|k_0| = \dfrac{1}{\lambda}$ 为半径作一球面，把这一球称为反射球或爱瓦尔德球。如果倒易点阵的某一倒易点 G 正好落在球面上，则 G 点所对应的晶面 (hkl) 满足布喇格定律，Q 点与 G 点所连接的矢量代表衍射 X 射线的波矢量 k_0。由图 5-10 可以看出，当倒易点 G 落在反射球面上时，下式成立：

$$\Delta K = k_g - k_0 = g_{hkl}$$

当倒易点 G 偏离反射球时（图 5-10c），可以写出：

$$\Delta K = g + s$$

称 s 为偏差矢量，此时衍射 X 射线的强度为：

$$I = I_0 A_e^2 \left(\sum_n F_n e^{-2\pi i(g+s) \cdot r_n} \right)^2$$

$$= I_0 A_e^2 \left(\sum_n F_n e^{-2\pi i s \cdot r_n} \right)^2 \qquad (5-9)$$

式中的 s 用它在 x、y、z 的三个分量 u、v、w 代入，并且对整个晶体可用连续量的积分来代替非连续量的总和，式5-9括号内的项为：

$$\left(\sum_n F_n \mathrm{e}^{-2\pi i s \cdot r_n}\right)^2 = \left(\frac{F}{V_0} \cdot \frac{\sin\pi Au}{\pi u} \cdot \frac{\sin\pi Bv}{\pi v} \cdot \frac{\sin\pi Cw}{\pi w}\right)^2$$

$$(5-10)$$

式中，A、B、C 是晶体的棱边长度。式5-10中，当 $v = w = 0$ 时，$\left(\frac{\sin\pi Au}{\pi u}\right)^2$ 与 u 的关系如图5-11所示。

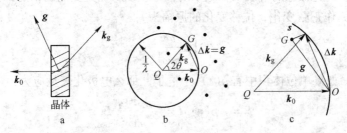

图5-10 晶体发生X射线衍射时的爱瓦尔德图

a—晶体取向；b—倒易点 G 在反射球面上；c—倒易点 G 偏离反射球面

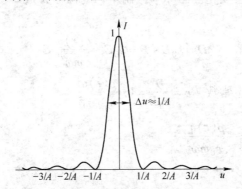

图5-11 X射线衍射波沿 u 的强度分布

5.2.4 电磁波在周期结构晶体中的传播和电子运动方程式

晶体是一种电介质，其中存在着束缚态电子。这种束缚态电子密度可以表示为 $\rho(r)$（r 代表位置矢量），它是晶体空间中的位置函数。当一束波长为 λ 的 X 射线照射晶体时，因为 X 射线是一种电磁辐射，所以在外加交变电磁场作用下，晶体中的电子将跟随发生运动，利用经典力学近似可以写出其运动方程式：

$$m \frac{\mathrm{d}^2 x}{\mathrm{d}t^2} = qE\mathrm{e}^{i\omega t}$$

上式中忽略了电子在晶体中受到的其他力，式中的 $E\mathrm{e}^{i\omega t}$ 为外加电场，m、q 分别为电子的质量与电荷。

上述方程的解表明，电子的位移 x 以所加交变电磁场的圆频率 ω 作正弦变化，位移变化的振幅为 l：

$$l = \frac{qE}{m\omega^2}$$

如果单位体积中有 $\rho(r)$ 个电子，那么电极化矢量应为：

$$\boldsymbol{P} = -\rho(r)q\boldsymbol{l} = -\frac{\rho(r)q^2}{m\omega^2}\boldsymbol{E}$$

上式表明，在电磁场作用下，$\boldsymbol{P}$ 是空间坐标的函数，而且随时间作周期性变化。国际单位制中，电位移矢量 $\boldsymbol{D}$ 是按下式定义的：

$$\boldsymbol{D} = \varepsilon_0\boldsymbol{E} + \boldsymbol{P} = \varepsilon_0\boldsymbol{E} - \frac{\rho(r)q^2}{m\omega^2}\boldsymbol{E}$$

相对介电常数 $\quad \varepsilon = \dfrac{\boldsymbol{D}}{\varepsilon_0\boldsymbol{E}} = 1 - \dfrac{\rho(r)q^2}{\varepsilon_0 m\omega^2}$

令 $\quad \phi = -\dfrac{\rho(r)q^2}{\varepsilon_0 m\omega^2}$

则：

$$\varepsilon = 1 + \phi$$
$$\frac{1}{\varepsilon} \approx 1 - \phi$$

称 ϕ 为电极化系数。因为晶体中的电子密度是一个周期函数，所以函数 ϕ 也肯定是一周期函数。$\phi(r)$ 可以表示为傅里叶级数，并在整个倒易空间中展开

$$\phi = \sum_g \phi_g \exp(-2\pi ig \cdot r)$$

式中，$g = 0$、$\pm g$、$\pm 2g$，$\cdots$，g 是倒易矢量。因为

$$\phi(r + a) = \sum_g \phi_g \exp[-2\pi ig \cdot (r + a)]$$

$$= \sum_g \phi_g \exp(-2\pi ig \cdot r)$$

所以 $\phi(r + a) = \phi(r)$ 是周期函数。傅里叶级数 $\phi(r)$ 的系数为：

$$\phi_g = \frac{1}{V_c} \int_{\text{晶胞}} \phi(r) \exp(2\pi ig \cdot r) dr$$

$$= \frac{1}{V_c} \int_{\text{晶胞}} -\frac{q^2 \rho(r)}{\varepsilon_0 m \omega^2} \exp(2\pi ig \cdot r) dr \quad (5-11)$$

$$= -\frac{q^2}{\varepsilon_0 m \omega^2 V_c} F(g)$$

式中，$F(g) = \int_{\text{晶胞}} \rho(r) \exp(2\pi ig \cdot r) dr$ 为晶胞的结构因子；V_c 为晶胞的体积。

因为对 X 射线来说，仅仅电子有散射能力，而原子核太重，所以对 X 射线辐射电磁场不起响应。由此可见，晶胞的结构因子与晶胞中电子密度的分布以及散射时的散射矢量 $K_g - K_0 = \Delta K = g$ 有关。

5.2.5　X射线衍射方法

当 X 射线照射晶体时，在一般情况下，不一定具备符合布喇格定律的条件。即入射 X 射线对某一晶面的掠射角不一定符合布喇格角 θ，因此往往不会发生衍射。现在常用的各种衍射方法都是设法改变 X 射线的波长或入射角来满足上述布喇格衍射条件，以达到发生衍射的目的。其方法的原理如下：

（1）当入射的 X 射线方向和晶体的取向固定不变时，试样为固定的单晶体，入射的 X 射线自一定方向入射晶体，因此会

与各族的（*hkl*）晶面形成一定的掠射角 θ。要使多数晶面都具备参加反射的条件就必须入射各种不同波长的 X 射线束（多色 X 射线），使得各个不同的 θ 角都有一个相适应的波长 λ 来进行衍射，这样的衍射方法称为劳厄法。

（2）当入射的 X 射线波长及方向均固定时，原理如下：

1）单色的 X 射线及单晶体试样。实际工作时使入射的 X 射线束和晶体的某一个主要晶轴垂直，并使晶体绕这个轴旋转或回摆，这样可以使入射 X 射线和各个不同（*hkl*）晶面间的掠射角不断改变以符合衍射条件，把这种方法叫作回摆晶体法。

2）单色的 X 射线及多晶体试样。样品为块状或粉末状的多晶体，由于试样中为数极多的小晶粒取向各不相同，因此 X 射线总可以与某些小晶粒形成能发生衍射的掠射角 θ，从而可以产生衍射线束。这种方法称为粉末法。粉末法常用来测定晶体的点阵常数。

5.3　X 射线衍射法测定半导体单晶的取向

如果用一固定波长的 X 射线（或称单色 X 射线）入射到一块晶体上，则晶体中某一晶面便会对射线发生衍射，这时就可以通过测定衍射线的方位来确定晶体的取向。这是因为 X 射线被晶体衍射时，入射线、衍射线和衍射晶面的法线之间的关系必须遵守布喇格定律。因为不同结构的晶体和不同的晶面其衍射线所出现的方位不同，所以定向时必须事先知道晶体的某些重要晶面的布喇格角，以便确定衍射线的方位。

可以利用照相底片来记录 X 射线通过晶体时产生的衍射光束的位置，也可以利用各种辐射探测器来记录。把包括辐射探测器、X 射线发生器、测角仪以及其他附件在内的全套设备称为 X 射线衍射仪。一般可用衍射仪进行定向，但利用 X 射线衍射原理设计的仪器都可用来进行晶体定向，如 X 射线形貌相机、双晶分光计等。由于这些仪器的主要用途各不相同，故它们所能达到的定向准确度也不一样。生产上常用 X 射线定向仪专门设备来精确地测定各种半导体晶体的晶向。下面对这种定向方法作一介绍。

5.3.1   定向仪简介

图 5 – 12 为 X 射线定向示意图。S 是 X 射线光源。利用定向仪测定晶体取向采用单色 X 射线。由光源射出的 X 射线，经过滤色片得到单色 X 射线，再通过一套准直狭缝照射到样品 C 上。样品装在测角仪的样品盒上，能作各种方向的转动，当样品转动到使某一晶面具备符合布喇格定律条件时，就能从样品的一定晶面反射出衍射线，并为被放置在一定位置 E 处的辐射探测器所记录。

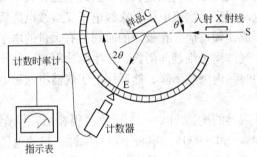

图 5 – 12   X 射线定向示意图

定向时，样品一般可以作三种方式的转动：沿定向仪测角头的水平轴（x 轴）和垂直轴（y 轴）转动；也可围绕样品台轴向（z 轴），也就是被测表面的法向转动；有的定向仪只有一个绕垂直轴的转动，但样品本身可以围绕样品台轴向作 90°、180°、270°转动，这样仍可以精确测定晶体取向。

衍射定向仪所用的辐射探测器通常有盖革 – 弥勒计数器（简称 G – M 计数管）和正比计数器两种。图 5 – 13 示出了 G – M 计数器的示意图。该计数器有一个玻璃外壳，内充有所需要的混合惰性气体。管内有一个金属圆筒，直接接地，还有一根在中心轴上的金属丝（常为钨丝），使用时维持大约 1000～1700V 的正电压；玻璃外壳的一端为接收 X 射线的窗口。

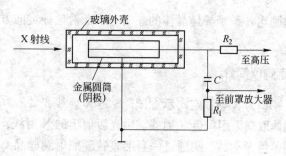

图 5 – 13   G – M 计数管

当 X 射线进入计数管时,使惰性气体电离,产生反冲电子,这些电子受管内高压电场加速获得很大的动能,又与气体分子碰撞,使它电离并产生次级电子,次级电子又继续电离管内气体分子,从而形成连锁反应,在极短的时间内有大量的电子涌向阳极金属丝上,气体离子则趋向阴极,产生脉冲电流,使阳极丝的电压在极短的时间内突然下降,然后用电子仪器将这种电流脉冲记录下来。

正比计数器的构造和 G – M 计数器很相似,但操作电压较低,通常约为 600~900V。电极上电流脉冲引起的电压降低也小得多,因此需要配备放大倍数高的电子仪器。正比计数器中脉冲的幅度正比于 X 射线光子的能量。

5.3.2   测量原理

当波长为 λ 的单色 X 射线照射晶体时,入射线与晶体中某一晶面之间的掠射角为 θ,在符合布喇格定律时:

$$2d\sin\theta = n\lambda \tag{5 – 12}$$

便在与入射线之间角度 2θ 的位置上出现衍射线 (图 5 – 12)。

用 X 射线定向仪测定晶体取向时,一般使用铜靶阳极,经过薄镍片滤光可以得到单色 X 射线 K_α,其波长 $\lambda = 1.542 \times 10^{-10}$ m。立方晶系的面间距 d 与点阵常数 a 有如下关系:

$$d = \frac{a}{\sqrt{h^2 + k^2 + l^2}} \tag{5 – 13}$$

式中，h，k，l 是晶面的晶面指数。将式 5-13 代入式 5-8 中便可以得到布喇格角 θ：

$$\sin\theta = \frac{\lambda}{2}\frac{\sqrt{h^2+k^2+l^2}}{a} \qquad (5-14)$$

式 5-14 适用于 $n=1$ 的一级衍射的情况。硅晶体属于金刚石型结构，是立方晶系，点阵常数 $a=5.43073\times10^{-10}$m。对于 (111) 和 (220) 晶面来说，由式 5-11 可以算出用铜靶 K_α 辐射衍射时的布喇格角分别为 14°14′ 和 23°40′。用完全类似的方法可以计算出锗、硅、砷化镓晶体的几个常用晶面对铜靶 K_α 辐射产生衍射的布喇格角，并把这些数据列于表 5-2 中。

表 5-2 锗、硅、砷化镓晶体的几个常用晶面对铜靶 K_α 辐射产生衍射的布喇格角

衍射晶面 (hkl)	硅 ($a\approx5.4305\times10^{-10}$m)	锗 ($a\approx5.6575\times10^{-10}$m)	砷化镓 ($a\approx5.6534\times10^{-10}$m)
111	14°14′	13°39′	13°40′
220	23°40′	22°40′	22°41′
311	28°05′	26°52′	26°53′
400	34°36′	33°02′	33°03′
331	38°13′	36°26′	36°28′
422	44°04′	41°52′	41°55′
511	47°32′	45°07′	45°09′

用衍射定向仪测定晶体取向时，如果要测定晶体的轴线（或表面的法向）偏离晶向 [hkl] 的角度，则可以把计数管事先放置在两倍布喇格角的位置上。然后将样品围绕 x、y、z 轴转动，调整衍射线强度使其达到最大。此时说明入射 X 射线与样品中 (hkl) 晶面之间的掠射角满足布喇格定律的条件，因此入射 X 射线被 (hkl) 晶面所反射，在计数管方向上衍射光束强度最大。

图 5-14b 示出了用衍射法定向的几何关系。设入射光束和

反射光束在 xoz 水平面上。样品表面（被测面）为 xoy 平面，样品表面与 xoz 平面相垂直。oz 是表面的法向。在调整衍射仪时，先使入射线与样品表面夹角为 θ，即 $\angle sox = \angle tor = \theta$。$x'o'y'$ 为与 xoy 平行的参考面。

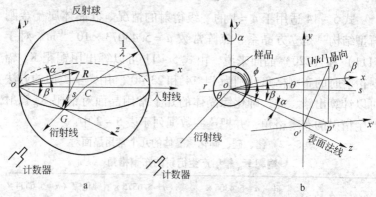

图 5 – 14　X 射线定向时的几何关系

a—g 适量偏离 oG 的两个分量 α 和 β；

b—[hkl] 晶向偏离样品表面法向(oz)的偏离角 θ 的两个分量 α 和 β

设 op 为 [hkl] 晶向，p 点为 op 与参考面的交点，由 p 点作 xoz 平面的投影得 p'。$\angle poz = \phi$ 是 [hkl] 晶向与试样轴线（oz）之间的夹角，也是用 X 射线衍射定向仪所需测定的晶向偏离角度。$\angle p'oz = \alpha$ 是 ϕ 角在水平方向的偏离分量，$\angle p'op \approx \beta$ 是 ϕ 角在垂直方向上的偏离分量。

由图 5 – 14b 可以看出 $\triangle oo'p$、$\triangle oo'p'$、$\triangle opp'$ 都是直角三角形。又

$$\cos\alpha = oo'/op'$$

$$\cos\beta = op'/op$$

$$\cos\alpha\cos\beta = \frac{oo'}{op'} \cdot \frac{op'}{op} = \frac{oo'}{op}$$

而

$$\cos\phi = oo'/op$$

因此：

$$\cos\phi = \cos\alpha \cdot \cos\beta \qquad (5-15)$$

　　实际测定时分别独立测定 α 和 β 角。第一次样品绕 y 轴转动，当衍射强度极大时，可使 $\alpha = 0$，测出 α 角。第二次样品先绕 z 轴转动 90°，使偏离角 ϕ 的垂直分量 β 转为水平分量，然后样品再绕 y 轴转动，当衍射强度极大时，可使 $\beta = 0$ 再测出 β 角。这里应注意一个问题：绕 y 轴转动样品时可使晶向偏离角水平分量为零，但垂直分量不为零，因此没有完全符合布喇格定律所规定的条件。但仅使一个分量始终不为零，改变另一个分量时，衍射线的强度仍会有变化。当水平偏离分量为零时，也能出现衍射强度极大值，并在计数时率计的表中指示出来。只是这一极大值比 α 和 β 同时为零时小。这个问题可利用反射球来加以说明，如图 5-14a 所示，画出与样品取向、X 射线入射线相对应的反射球。反射球的中心为 C 点，o 点是倒易点阵的原点，衍射晶面的衍射矢量 g 与图 5-14b 中的 (hkl) 面的法向是平行的，现在设 g 矢量的末端在反射球内，晶面 (hkl) 不发生衍射。由图 5-14b 可以看出，g 矢量偏离表面法向有两个分量，即 α 和 β。只有当 $\alpha = \beta = 0$ 时，g 矢量的末端才落在反射球面 G 点上，满足严格布喇格反射条件。现在来看一看绕 y 轴转动时，衍射强度的变化情况。最初 g 矢量偏离矢量 oG，其偏离量用偏差矢量 s 来表示，则有

$$oG = \Delta K = g + s$$

s 矢量又可分解为 x、y、z 三个方向上的分量 u、v、w。在这种情况下，衍射线的强度正比于下式：

$$\left(\frac{\sin \pi A u}{\pi u} \cdot \frac{\sin \pi B v}{\pi v} \cdot \frac{\sin \pi C w}{\pi w} \right)^2 \qquad \text{（见式 5-10）}$$

式中，A、B、C 为 x、y、z 方向晶体的棱边长度。当 u、v、w 较大时，式 5-10 的值很小，因此晶体不发生衍射。但当晶体绕 y 轴转动，并一旦转到 $\alpha = 0$ 时，$w \approx u = 0$，式 5-10 中第一、三两项为极大值，衍射线强度突然增大，并在计数时率计的指示表中指示极大值。当样品转动 $\pi/2$ 时，只是偏离角 ϕ 的水平分量和垂直分量互换位置，所以上述讨论所得结论仍然适用于这种

情况。

由此可见,尽管样品分别作两次独立转动,使偏离角 ϕ 的某一个分量为零,并没有严格满足布喇格反射条件,根据计数时率计的指示表的极大值指示仍可以分别将样品水平和垂直方向晶向偏离角 α 和 β 测量出来。

5.3.3   测试步骤

下面介绍 X 射线定向仪测定晶体取向的方法:

(1)在进行晶体定向之前,首先应确定需定向的晶体是否是一块单晶体,这可以从晶体的外形、生长棱线等方面作判断。如果晶体是双晶或者多晶,则由于不同取向的晶粒,对光的反射方向不同而显示出晶粒晶界。

(2)判断定向面的大致取向:可从晶体生长棱线、位错腐蚀坑形状等宏观特点来确定。

(3)根据需定向晶体的晶体结构(所属晶系)和所需定向晶面的晶面指数,利用式 5 – 12 和式 5 – 13 分别算出该晶面的面间距和布喇格衍射角 θ,也可从有关资料查出。

(4)在定向仪的 2θ 位置上放置计数管。

(5)定向仪的主轴上装置有吸盘样品台,可将待测晶体薄片方便地吸附在样品台上。样品上可用十字线(或作成矩形样块)标记四个方位,1 与 3 是垂直方位,2 与 4 是水平方位。图 5 – 15 所示为样品在吸盘上的方位。

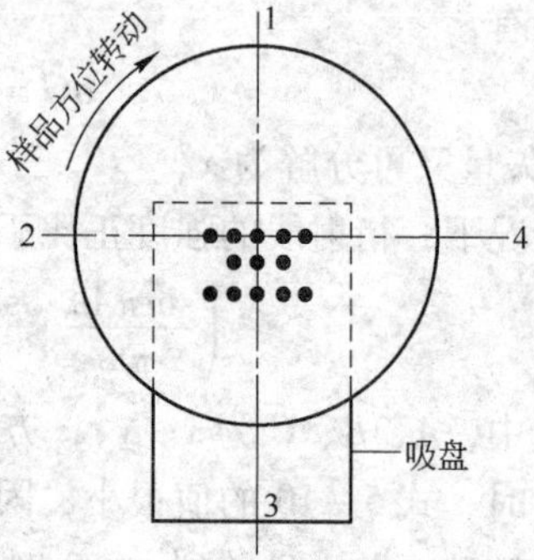

图 5 – 15   样品在吸盘上的方位

(6)转动定向仪的主轴(相当于图 5 – 14b 中的 y 轴)使计数管的衍射强度指示达到极大值,此时记录转角 δ_1,求得水平偏离角 $\alpha_1 = \delta_1 - \theta$,见图 5 – 16。将样品方位转动 $180°$,和上面的程序一样,求得水平偏离角 $\alpha_2 =$

$\delta_2 - \theta$。由两次测量的结果，求得水平偏离角平均值：

$$\alpha = \frac{1}{2}(\alpha_1 + \alpha_2)$$

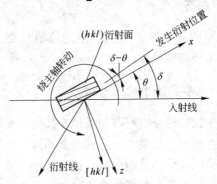

图 5 - 16　由样品的转角 δ 测得偏离角的一个分量

（7）将样品方位转动 90°，和第 6 步一样，即转动定向仪的主轴，使计数管的衍射强度指示达到极大值，此时记录下转角 δ'_1，求得垂直偏离角 $\beta_1 = \delta'_1 - \theta$。样品转动 180°后，又可测得 β_2。求得两次测量的平均值 $\beta = \frac{1}{2}(\beta_1 + \beta_2)$。

（8）计算晶向偏离角：当水平偏离角平均值为 α、垂直偏离角平均值为 β 时，则被测面与主晶面的偏离角 ϕ 可用下式计算：

$$\cos\phi = \cos\alpha\cos\beta \qquad (5 - 16)$$

当 $\phi < 5°$ 时：

$$\phi^2 = \alpha^2 + \beta^2 \qquad (5 - 17)$$

5.3.4　测量精度

X 射线衍射定向的精度可以达到 ±15′，比光点定向的精度高。精度受到以下三方面因素的影响：

（1）X 光束的发散性；

（2）X 光束的准直性；

（3）转角读数刻度的精度。

5.4 X射线显微术的应用

5.4.1 位错的观察

用 X 射线形貌相技术观察晶体中的位错是相当有效的，晶体除抛光外无需经特殊处理。

5.4.1.1 观察晶体中的生长位错

晶体中的生长位错是由籽晶与熔体交接处产生的位错延伸下来的。位错线往往与生长轴有一定的倾斜角度。采用细颈的办法可以使位错延伸到晶体的外表面。晶体尾部的位错密度高，是由位错返回造成的。此外，等径部分也可以由热应力、颗粒黏结等引入位错。这些生长位错可以从晶锭中切下的纵剖面样品上利用 X 射线形貌像进行观察。通常切割的纵剖面为 {112} 或 {110} 晶面，衍射面一般选择为 {220} 晶面。

5.4.1.2 测定位错线的柏格斯矢量的晶向

表征一条位错线的特性有两个重要的矢量，一个是它的柏格斯矢量，另一个是它的走向单位矢量 $\boldsymbol{u}$。

在各向同性弹性介质中，一般混合位错线周围原子的位移矢量 $\boldsymbol{R}$ 可以表示为：

$$\boldsymbol{R} = \frac{1}{2\pi}\Big[\boldsymbol{b}\phi + \boldsymbol{b}_c \frac{\sin 2\phi}{4(1-v)} + \boldsymbol{b} \times \boldsymbol{u} \,\Big|\, \frac{1-2v}{2(1-v)}\ln r + \frac{\cos 2\phi}{4(1-v)} \,\Big|\, \Big]$$

对纯螺形位错，$\boldsymbol{R} = \dfrac{1}{2\pi}\boldsymbol{b}\phi$，原子的位移与柏格斯矢量方向一致。当 $\boldsymbol{g}\cdot\boldsymbol{b}=0$ 时，位错像衬度消失，此时所选择的衍射面与 $\boldsymbol{b}$ 相平行。而当所选择的衍射面与 $\boldsymbol{b}$ 相垂直时，$\boldsymbol{g}\cdot\boldsymbol{b}\neq 0$，位错像衬度最强。图 5-17a 中示出了不同衍射面的螺型位错衬度强度与螺型位错之间的关系。

对纯刃型位错，其 $\boldsymbol{R}$ 为：

$$R = \frac{1}{2\pi}\left\{ b\left[\phi + \frac{\sin 2\phi}{4(1-v)} \right] + b \times u \left| \frac{1-2v}{2(1-v)}\ln r + \frac{\cos 2\phi}{4(1-v)} \right| \right\}$$

此时原子的位移可以分解为两个分量，第一项与 b 一致，第二项与 $b \times u$ 一致（也就是在垂直滑移面的方向上）。只有同时满足 $g \cdot b = 0$ 和 $b \times u = 0$ 时，$g \cdot R = 0$，此时刃型位错像衬度消失。也就是说，只有当衍射面与刃型位错线相垂直时，刃型位错像衬度消失。只有 $g \cdot b = 0$ 时，因为原子位移 R 的第二项 $g \cdot b \times u \neq 0$，仍有刃型位错像的衬度出现。但是这一项引起的衬度很弱，一般仍可以用 $g \cdot b = 0$ 作为刃型位错的无衬度的判据。图 5-17b 中示出了三种衍射面上刃型位错衬度的强度以及它们与刃型位错之间的几何配置关系。

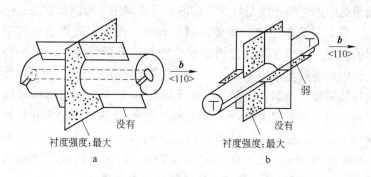

图 5-17　螺型（a）和刃型位错（b）选择不同衍射面时的衬度强度

利用位错像衬度消失的判据，可对一块晶片从几个不同的衍射晶面的 X 射线衍射形貌照片推断位错柏格斯矢量的晶向。一般可以选择 {111} 和 {220} 晶面族的晶面作衍射面来拍摄形貌像。如果某一条位错线在某一个衍射晶面的形貌照片上消失或衬度很弱，就可以判断，这条位错线的柏格斯矢量是与这个晶面平行的。当全位错在（111）衍射面的形貌像中衬度消失时，因为与（111）晶面平行的 <110> 晶向有三个，要确定唯一柏格斯矢量的晶向还必须拍摄与该（111）面非共面的其他晶面作为衍射面的形貌照片。认真分析照片上所考虑位错在各形貌照片上的衬度，利用 $\boldsymbol{g} \cdot \boldsymbol{b} = 0$ 或加上了 $\boldsymbol{g} \cdot \boldsymbol{b} \times \boldsymbol{u} = 0$ 判据才能确定位错的唯一确定的柏格斯矢量晶向。当位错在（220）衍射面的形貌像中衬度消失时，全位错的柏格斯矢量是确定的 $\boldsymbol{b} = \dfrac{1}{2}\left[\bar{1}10\right]$。但 {220} 晶面族晶面有六个，恰好选择与柏格斯矢量相平行的晶面作衍射面的几率只有 1/6。由此可见，在 {220} 晶面族作衍射面的情况下也必须拍摄几个不同的衍射面的形貌像照片。

5.4.1.3　检测位错的密度

X射线衍射形貌像可观察整个晶片中的位错，因此用它来检测单晶中的位错密度是特别合适的，通常采用下列两种方法：

（1）计算单位体积中的位错线长度。由于形貌图是一种空间的投影，整个晶片厚度内的位错线均应投影叠加在一个平面上，因此通过测量照片上某一定面积内的位错线长度，就可计算出位错密度。例如，由某一照片（放大 10 倍）上长方形区域内测得位错线总长度为 72cm，因为照片放大 10 倍，所以实际总长度为 7.2cm。长方形区域两边边长分别为 4cm 和 2cm，实际为 0.4cm 和 0.2cm。晶片的厚度为 0.2cm，则测量区域的体积为 0.0016cm³，那么单位体积中位错线长度 N_d 为

$$N_\mathrm{d} = \frac{7.2}{0.0016} = 4.5 \times 10^3 \mathrm{cm}^{-2}$$

（2）计算在形貌图上穿过一定长度 l 的位错线数目。首先在形貌图上确定长度为 l 的线段。从立体角度看，这一线段是面积为 $l \times t$（t 为晶片厚度）的截面的投影。因此通过 l 线段的位错数目就是通过这一截面的位错的数目。譬如在形貌图中测出穿过 $l = 0.3\mathrm{cm}$ 的线段的位错有 24 根，晶片的厚度为 0.02cm，那么单位截面积上通过的位错线数目 N_d 为

$$N_\mathrm{d} = \frac{24}{0.3 \times 0.02} = 4 \times 10^3 \mathrm{cm}^{-2}$$

5.4.1.4 检测位错或其他缺陷在晶体中的空间位置

可以利用透射 X 射线形貌立体投影的方法来确定位错或其他晶体缺陷在晶体中的空间位置，其原理如图 5-18 所示。该法是先将晶体调整到一定位置，拍摄一张如图 5-18a 所示的（hkl）晶面衍射形貌相片。再将晶片转动一定的角度（2θ），拍摄如图 5-18b 所示的（hkl）晶面衍射形貌相片。比较这两张形貌图就可以找到晶体缺陷所在空间位置。例如，图 5-18 所示的缺陷 r、s、t 在两张形貌图中的位置分别为 r′，s′，t′和 r″、s″、t″。s′离开 r′远一些，s″离开 r″近一些，这说明缺陷 s 比缺陷 r 和 t 更靠近晶片的底面一些。

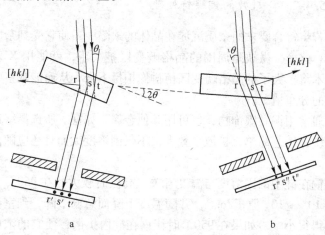

图 5-18 立体投影法确定缺陷的空间方位

a—调整晶片到一定位置拍摄的；b—转动晶片一定角度（2θ 角）拍摄的

5.4.2 X 射线形貌术观察硅单晶的微缺陷

硅单晶中的微缺陷是指长度、面积或体积很小的缺陷。平常把线度小于 10^{-4} cm 的缺陷称为微缺陷。微缺陷可能是结构缺陷，如空位团、填隙原子团、层错极小的位错环等，也可能是杂质缺陷，如杂质的微沉淀等。近三十多年来受到广泛重视的硅区熔单晶漩涡缺陷,就其微观结构来说,用透射电子显微镜观察确定为 $1 \sim 2\mu m$ 的位错环。

X 射线形貌术是基于利用 X 射线受晶体衍射时晶格畸变使衍射强度增大,从而在照相底片上出现衬度,形成缺陷像的原理建立起来的。但这种方法的分辨本领为数微米,并与实验条件有很大关系。硅晶体中的微缺陷由于其应力场小往往不能直接被 X 射线形貌术检测出来,通常只能用透射电子显微术直接观察。但设法使微缺陷周围的晶格畸变区扩大后,就可以用 X 射线形貌术检测出来,这就是所谓的缀饰法,以下对缀饰技术作一简单的介绍。

5.4.2.1 硅片的铜缀饰处理

若将符合要求的杂质沉淀在晶体的缺陷中,使它受到杂质的缀饰。这样,微缺陷周围的晶格畸变区扩大了,就能用 X 射线形貌术将扩大了的晶格畸变区衍衬像拍摄下来,从而能观察到微缺陷的分布情况。

通常用铜做缀饰物,也可用其他金属,如锂。所选择缀饰物应是缀饰工艺简单,扩散系数大,不仅固溶度大而且还应随温度变化大。

铜在硅中的固溶度与温度有关,高温时较大,在 950℃下可达到 $10^{17} \sim 10^{18}$ 原子/cm^3,并随温度下降而急剧下降,到室温时就变得很小了。如果在 950℃时让铜在硅内扩散,使它的浓度达到饱和,然后将硅样品冷却到室温,这时硅中的铜就变成过饱和了,过剩的铜就会沉淀析出。当晶体中存在缺陷时,铜沉淀在缺陷上时所引起的弹性应变能增加小些;相反,铜在单晶体内均相形成沉淀会引起很大的弹性形变能和界面能。因此,铜择优在微缺陷上沉淀。

铜缀饰过程如下:

(1) 硅片的预处理。将硅片放在 $HNO_3 : HF : HAc = 3 : 1 : 10$ 的混合液腐蚀过夜,其目的是消除表面损伤和应力,以免缀饰时增生位错。

（2）高温下（950℃）让铜扩散到样品内部。通常有两种方法：一种方法是先在硅样品表面滴上硝酸铜溶液，再让铜原子在高温下向硅样品内扩散或者是先在硅样品表面用电解方法沉淀一层铜，然后高温扩散；另一种方法是先将铜蒸发在惰性气体如氩或氢中，让携带大量铜原子的气体在高温下不断吹向样品表面，于是铜原子就向硅样品内扩散。一般在950℃高温下要经过半小时以上处理才能使铜在硅片内部达到饱和。涂稀硝酸铜溶液时要注意不要涂满整个表面，因为这样容易形成合金化而影响铜的析出。

（3）将经过高温铜扩散后的样品冷却到室温。这时，控制冷却速率很重要，冷却太慢，样品内过饱和的铜会慢慢扩散到表面，而缺陷缀饰不上，冷却太快，铜原子来不及扩散到微缺陷上，就在单晶体内沉淀。冷却太快时还会因为样品内温度梯度太大，由热应力引进位错。一般来说，微缺陷缀饰不上的主要原因还是冷却速度慢，因此应设法提高冷却速度。

5.4.2.2　在"缀饰"硅片上拍摄 X 射线形貌像

经过铜缀饰处理后的样品，再经抛光腐蚀后就可以拍摄 X 射线形貌照片。一般选择的 X 射线衍射晶面是 {220} 晶面族的晶面，这样做是为了能同时观察到单样中的位错和微缺陷，衍射调试也比较方便。

拍摄照片前应进行如下预处理：用粗金刚砂磨去"缀饰"硅片的表面层，再用细金刚粉磨平其表面。先后以乙醇、热蒸馏水、超声波洗涤样品，再用 $HNO_3 : HF : HAc = 3 : 2 : 2$ 的混合液抛光腐蚀 2min，并用蒸馏水迅速清洗表面，此时硅片两面均已消除应力，可用作拍摄形貌图。

微缺陷在平移透射形貌图上的衍衬像与位错像不一样，微缺陷在形貌图上只显示黑点的衬度，而位错则显示线状的衬度。硅片中微缺陷（漩涡缺陷）的分布与晶体的生长条纹花样相似，往往在边缘和中心处较少一些，而在中间地带较多些。由此可见，由拍摄微缺陷的 X 射线形貌相片中可以得出它的密度及分布情况。

5.4.3 观察晶体中的沉淀

直拉硅单晶中氧含量比较高，温度在 900℃ 以上便会形成 SiO_2 沉淀。一般在 900～1100℃ 温度范围内退火形成片状 SiO_2 沉淀，长时间退火伴随有棱柱位错环产生。温度在 1100℃ 以上，例如 1200℃ 退火 64h 形成正八面体形状的 SiO_2 沉淀。高氧硅单晶经高温热处理形成 SiO_2 沉淀以及导生的缺陷，可以利用 X 射线形貌技术进行观察。SiO_2 沉淀呈片状情况下，片状沉淀两侧的晶格畸变区在透射形貌图上形成双弧月牙形衍衬像，并往往成对出现。例如，图 5 - 19 所示的硅中 SiO_2 沉淀的 X 射线形貌像就是这样。还可以利用 X 射线貌相技术来研究杂质与晶体缺陷之间的相互作用。例如，有相同氧含量的硅单晶，经 1000℃ 高真空退火，用 X 射线貌相术观察发现，沉淀多半在硅片的中心处，无位错晶体析出物的形成速度比有位错晶体的快。有位错晶体中的析出物几乎沿位错沉淀，而且尺寸细小。无位错晶体和有位错晶体的沉淀动力学性质是不一样的，在前者中，随着位错密度降低，空位浓度增大，空位促进氧的沉淀析出。

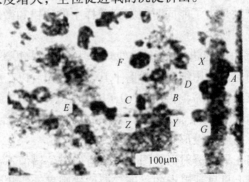

图 5 - 19 硅单晶经 1200℃ 热处理后形成 SiO_2 沉淀的 X 射线形貌像

5.4.4 跟踪晶体缺陷在加热过程中的变化

可以利用 X 射线形貌电视技术跟踪观察在加热过程中缺陷的变化情况。例如，氢气氛下的区熔硅晶体中往往含有氢的沉淀，这种氢的沉淀在热处理过程中往往会发生变化，可以用 X 射线形貌电视技术进行动态观察。图 5 - 20 所示为氢气氛下区熔硅单晶片热处理时用 X 射线形貌技术进行动态观察的电视屏幕照片。660℃以下加热晶体时没有出现缺陷，而温度在 660℃ 左右时突然出现大量缺陷。图 5 - 21 所示为该种硅单晶经热处理后的透射形貌照片。由图 5 - 21 可以看到，热处理时由沉淀物沿 <110> 晶向发射一系列位错环。

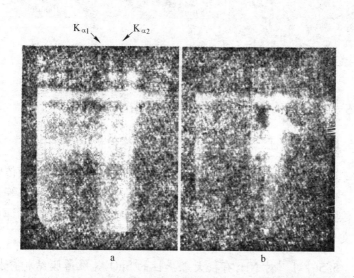

图 5 - 20　氢气氛区熔硅单晶热处理 X 射线动态观察电视屏幕照片

a—660℃前情况；b—660℃左右突然出现大量缺陷

（横的条纹和照片下部的一些圆点是电视屏幕上原有的）

X 射线形貌技术除了以上应用外，还可用来研究材料的塑性形变，控制半导体器件质量，观察材料的二次导生缺陷，研究材料的磁畴等，有关这些方面的应用可参考专门著作。

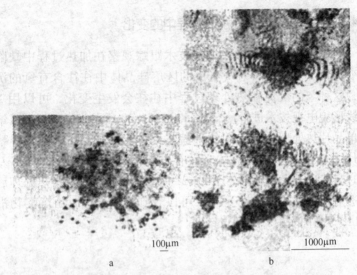

图 5-21 氢气区熔硅单晶热处理后出现的"雪花"形缺陷

a—(111)晶片 220AgK$_\alpha$ 透射形貌；b—图 a 的局部放大

5.5 X 射线在薄膜晶体结构分析中的应用

5.5.1 X 射线在气敏传感器薄膜晶体结构分析中的应用

近些年来，我们用溅射法和溶胶凝胶法制备了各种气敏传感器。按气敏种类可分为乙醇，氨、NO$_2$、丙酮、汽油、甲醛等气敏传感器。但由于选择性问题，不如按敏感膜材料类分类，详见下文。

5.5.1.1 对 NH$_3$ 有较大敏感性的 SnO$_2$ 气敏薄膜结构分析

SnO$_2$ 是目前应用最广泛的一种气敏材料，SnO$_2$ 的物理、化学稳定性好，耐腐蚀性强；SnO$_2$ 气敏器件对气体检测是可逆的，吸附、脱附时间短，可连续长时间使用；电阻随浓度的变化一般是抛物线变化趋势，非常适合于微量低浓度气体的检测；可靠性较高，力学性能良好。但单纯的 SnO$_2$ 气敏元件的选择性很差，对多种气体比较敏感，容易受干扰性气体的影响。近年来，为了改善气敏元件的主要特性，形成了一系列表面修饰技术，包括掺杂、气氛处理和表面催化层的制作等关键技术。本节以 SnO_2 为基本材料，采用掺杂重金属 Pt 的方法制备出薄膜，对不同的有机气体，特别是对 NH_3 有较大敏感性。图 5 - 22 是 SnO_2 的晶体结构。

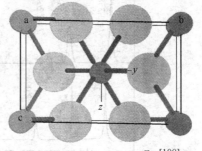

$Z = [100]$

图 5 - 22 SnO_2 的晶体结构

实验采用直流磁控反应溅射制膜，设备是北京电子专用设备技术服务中心研制的 JCK2500E 非标磁控溅射台。实验工艺参数为：真空度为 $3 \times 10^{-3} Pa$，O_2/Ar 为 1:4，溅射总气压为 1.6Pa，溅射靶材为纯度 99.9% 的金属锡（Sn），并在锡靶上嵌入一铂金片。靶的直径为 15cm，铂金片的直径为 4cm，靶心与铂金片的圆心距离为 5cm，靶到基片的距离为 10cm。所用的溅射气体是浓度为 99.99% 的氩气，反应气体为氧气，电压为 390V，溅射电流为 0.15A，溅射薄膜时间分别为 30min，45min，60min。基片为 Si（111）和 Al_2O_3 陶瓷片。样品溅射后取出，在马弗炉中分别进行 500℃、700℃ 退火，为了保证退火彻底，加热时间均为 3h。恒温结束后，在炉中放置 9h 以上，让其自然冷却后取出。对不同退火温度处理后的各掺杂样品进行气敏特性测试，并对沉积在 Si（111）基片上的掺有 Pt 的 SnO_2 薄膜进行对比分析（未在本书文中示出）。本书示出 700℃ 退火的 SnO_2 薄膜和掺杂 Pt 的 SnO_2 薄膜的 XRD，如图 5 - 23 所示。

由图 5 - 23 中可以看出：700℃ 退火未掺杂的 SnO_2 薄膜衍射图中最高衍射峰出现在 $2\theta = 26.48°$，该处为 SnO_2（110）晶向的衍射峰，$2\theta = 34.4°$ 对应晶面为 SnO_2（101），此晶向占优势。另外还有两个相对比较小的衍射峰，其中 $2\theta = 38.1°$ 对应晶面为

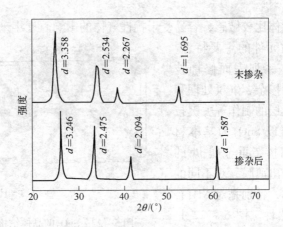

图 5 - 23　700℃退火的 SnO₂ 薄膜和掺杂 Pt 的 SnO₂ 薄膜的 XRD

SnO₂（200），$2\theta = 53.1°$对应晶面为 SnO₂（211），此晶向占优势。经掺杂 Pt 后，衍射图有一定变化，在 $2\theta = 43.4°$处出现衍射峰，对于比较纯的 SnO₂ 薄膜，该峰应属于 SnO₂（200），偏离了一些标准衍射峰位置，峰位向低角方向偏移，在 $2\theta = 60.9°$处出现较强的衍射峰，对应晶面为（211）晶面，同样峰位向低角方向偏移。对比掺杂前后衍射图，掺杂的 SnO₂ 薄膜衍射峰峰位向低角方向偏移，说明 Pt 进入了 SnO₂ 晶格，引起晶格的膨胀，面间距加大，且掺杂后半峰宽有增大的趋势。根据 Scherrer 公式：$D = K\lambda / \beta\cos\theta$，式中，$D$ 为晶粒大小，表示晶粒在垂直于晶面方向的平均厚度；λ 为 X 射线波长；θ 为布喇格衍射角；β 为衍射线的本征半宽度。可以看出：Pt 的掺入抑制了颗粒的生长速度，使材料粒径减小，有利于气敏特性的提高。

5.5.1.2　对丙酮等有机蒸气有较大敏感性的 ZnO 气敏薄膜结构分析

ZnO 是一种 Ⅱ - Ⅵ 族半导体，已经广泛应用于陶瓷，催化剂和透明导电薄膜等。图 5 -24 示出 ZnO 的晶体结构。

近 20 年来，ZnO 薄膜的制备受到广泛的关注。首先，它们有较高的禁带宽度；其次，它们在可见光区域内有较大的透光

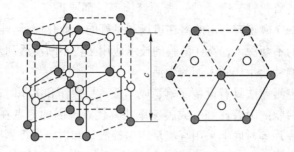

图 5 - 24　ZnO 的晶体结构

●—ZnO；○—O

率，一般大于80%；最后，它们有较高的载流子浓度并有较大的电导率，对于 ZnO 作为透明导电薄膜，可以应用于太阳能电池、液晶显示器以及窗口材料。ZnO 有许多其他材料所没有的优点，如成本低、无毒副作用、易掺杂（如可掺入 Al 等降低电阻率，提高结晶质量等）以及热循环后优良的稳定性等。另外，ZnO 还可应用于光发射器件之中。由于 ZnO 的禁带宽度为 3.2eV，可以发蓝光或紫外光，并且电子从价带到导带是直接跃迁，其发光效率也会比较高。同时 C 轴取向的 ZnO 的压电性能很好，而被广泛应用于表面声波器件之中，作为产生和检测表面声波的材料。

　　ZnO 薄膜以其性能多样、应用广泛和价格低廉为突出优势，又因其制备方法多样、工艺相对简单、易于掺杂改性、与硅 IC 兼容，有利于现代器件集成化，是一种在高新技术领域及广阔的民用领域极具发展潜力的薄膜材料。目前作为压电薄膜已在压电传感器和声表面波器件领域进入实用化阶段。此外 ZnO 是一种重要的半导体气敏材料，早在 20 世纪 60 年代就已研制出 ZnO 薄膜气敏器件。与金属氧化物气敏材料的另外两个系列 SnO_2 和 Fe_2O_3 相比，ZnO 的稳定性较好，但它的灵敏度偏低，工作温度较高。因此，对 ZnO 气敏材料的改进主要集中在提高灵敏度、改善选择性、降低功耗等方面。现已报道的方法有贵金属掺杂、稀土元素掺杂以及氧化物复合元件、表面修饰等,都取得了一定的进展。可见,ZnO 薄膜有一定的潜在市场和良好的产业化前景。随着研究工作的不断深入,ZnO 薄膜的技术应用必将不断渗透到众多领域并影响社会生产和人们的生活。

磁控溅射法具有设备简单、成本低、易操作和沉积时衬底温度低、薄膜的附着性好、成膜速率快等优点,因此笔者在玻璃、硅和陶瓷片等衬底上采用直流反应磁控溅射和射频磁控溅射法成功制备出了 ZnO 薄膜。经过一定温度退火后,对丙酮的选择性好、灵敏度高,工作温度也较文献报道的低。为了提高气敏元件对丙酮的灵敏度,实验中对 ZnO 薄膜进行不同金属氧化物 TiO_2、SnO_2、Al_2O_3 或 CuO 的掺杂,其中掺杂 TiO_2,SnO_2 可提高 ZnO 薄膜传感器对丙酮的灵敏度;而掺杂 Al_2O_3、CuO 则降低了传感器对丙酮的灵敏度。笔者对包括酒精、汽油、丙酮、一氧化碳、臭氧、甲醇、甲苯有机蒸气作了敏感度测试。发现溅射沉积经特殊处理的 ZnO 薄膜仅对丙酮有良好的择优敏感性。

我们在硅(111)基片上对未掺杂的和掺杂 TiO_2 的 ZnO 薄膜进行了 XRD 分析,结果如图 5-25 所示,以对比掺杂前后薄膜晶体结构变化。

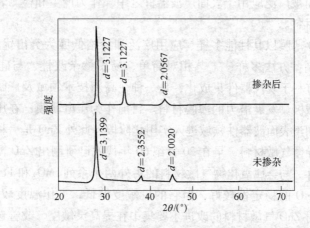

图 5-25 700℃退火纯 ZnO 薄膜与掺杂 TiO_2 的 ZnO 薄膜的 XRD

由图 5 – 25 可以看出：700℃ 未掺杂的 ZnO 薄膜衍射图中出现 3 个衍射峰，其中 $2\theta = 28.4°$（$d = 3.1399$）处为硅衬底（111）晶向的衍射峰，除硅衬底衍射峰外还有两个峰，其中 $2\theta = 38.18°$ 对应晶面为 ZnO（101），$2\theta = 45.25°$ 对应晶面为 ZnO（102），此晶向占优势。经掺杂 TiO_2 后，衍射图有一定变化，在 $2\theta = 34.63°$ 处出现强的衍射峰，与纯 ZnO 薄膜相比较后，可知该峰应属于 ZnO（101），但偏离标准衍射峰位置较大，峰位向低角方向偏移，在 $2\theta = 43.9°$ 处出现较强的衍射峰，对应晶面为（102）晶面，同样峰位向低角方向偏移。对比掺杂前后衍射图，掺杂的 ZnO 薄膜衍射峰峰位向低角方向偏移，说明 Ti 进入了 ZnO 晶格，引起晶格的膨胀，面间距加大。掺杂后半峰宽有增大趋势，根据 Scherrer 公式：

$$D = K\lambda / \beta \cos\theta$$

式中，D 为晶粒大小，表示晶粒在垂直于（hkl）晶面方向的平均厚度；λ 为 X 射线波长；θ 为布喇格衍射角；β 为衍射线的本征半宽度，用衍射峰极大值 1/2 处的宽度表示，单位为 rad。

计算得纯的 ZnO 粒径 $D = 10nm$，而掺杂后 ZnO 纳米颗粒粒径不到 8nm，可以看出 Ti 的掺入抑制了纳米颗粒的生长速度，使纳米材料粒径减小，有利于气敏特性的提高。

5.5.1.3 600℃退火和未退火 ZnO 薄膜 XRD 的比较

实验采用北京电子专用设备技术服务中心研制的 JCK – 500E 磁控溅射仪制备薄膜。工艺参数为：真空度为 $3 \times 10^{-5} Pa$，氧分压为 0.2Pa，溅射总气压为 1.2Pa。靶到基片距离为 7.5cm。溅射电压为 390V，溅射电流为 0.15A，溅射时间为 30min。基片为 Si（111）和陶瓷片两种。实验气体为高纯的氩气和氧气，靶材为纯度为 99.99% 的金属锌。

实验中将 Si 基片和陶瓷片用无水乙醇清洗表面。清洗后的 Si 基片和陶瓷片放置到样品盘中，放入溅射仪的样品室中。开机械泵抽真空室至粗真空，达到 $2 \times 10^{-3} Pa$ 量程后，打开分子泵，抽高真空至 3×10^{-5} Pa 后，通入氩气，流量为 140cm³/s，开溅射电源，进行炼靶，出现亮的蓝白色辉光后通入氧气，并调节氧气与氩气流量（cm³/s）比为：20∶100。溅射时间持续30min，制备出 ZnO 薄膜。

利用天津试验电炉厂生产的 KSP – 80 – 18 型马弗炉对溅射的样品进行退火处理，退火温度分别为 600℃、900℃、1200℃，为了确保退火彻底，恒温 3h，自然冷却后取出。

图 5 – 26 为 ZnO 薄膜（基片为 Si（111））在不同的退火温度下的 XRD 图。X 射线衍射试验设备为荷兰 PAN – Alytical 公司的 XPert 型 X 射线衍射仪，Cu 靶，偏压 40kV。

由图 5 – 25 可以看出：ZnO 薄膜未经退火的时候，只有一个衍射峰，其位置为 28.4°。经过 600℃ 退火处理后，又出现了两个衍射峰，位置分别为 38.2° 和 45.3°。

根据布喇格公式：

$$2d\sin\theta = k\lambda \quad (k = 0, 1, 2, 3, \cdots)$$

可以算出 ZnO 的晶体结构和各晶面及其面间距。

经过计算可以知道，位置在 28.4° 的衍射峰为 Si（111）的衍射峰。位置在 38.2° 和 45.30° 的衍射峰分别为 ZnO（101）和 ZnO（102）的衍射峰。这说明在未退火的时候，ZnO 薄膜为不定形态，当进行 600℃ 退火、3h 恒温处理后，ZnO 薄膜晶化，主要出现两个晶向，分别为（101）和（102），相比这两个晶向，（102）晶向占优势。我们从薄膜的 XRD 衍射图（图 5 – 26）中发现，（101）衍射峰不是很平滑，出现一些噪声，分析认为：薄膜生长过程中，薄膜内部存在着成分的起伏，加上空间的限制，晶粒与晶粒互相挤压，致使晶界处存在着较大应力，并且存在大量的位错、断键等缺陷。退火处理后可以释放内应力，修补断键，弥合位错，使偏离平衡位置的 Zn 原子能够获得足够的能量扩散到晶格位置，使晶相得到改善。根据 Scherrer 公式：$D = K\lambda / \beta\cos\theta$，可以计算出 600℃ 退火样品的平均粒径为 38nm。

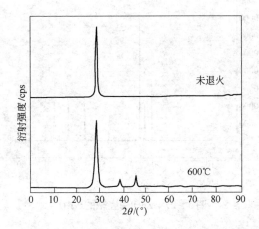

图 5-26 ZnO 薄膜不同退火条件下的 XRD 图

5.5.1.4 溅射用氧化锌陶瓷靶的制备工艺与 XRD 分析

氧化锌陶瓷靶共溅射仪,用于制备氧化锌压电薄膜。ZnO 陶瓷靶是由高纯 ZnO 和 Li_2CO_3 粉末经混合、锻压、烧结而成的。实验采用纯度为 99.99% 的 ZnO 与 Li_2CO_3 按照 1% 的摩尔分数($ZnO : Li_2CO_3 = 99 : 1$)制备的 ZnO 陶瓷靶。首先根据掺杂比例和靶的几何尺寸计算出所需药品的量,并用分析天平称出相应量的 ZnO 与 Li_2CO_3 粉末;再把两种试样均匀混合并放入研钵反复研磨至粉末大小均匀,混合均匀;对混合均匀的粉末缓慢加压(30MPa)制成直径 5cm、厚 3mm 的坯片;再把坯片烧结成型即可(烧结温度 1250℃ 左右,缓慢升温,1250℃ 保温 150min,随炉冷却)。图 5-27 是 ZnO 陶瓷靶的 XRD 谱,由图可知 ZnO 的(100)、(002)、(101)、(102)、(110)、(200)、(201)等多个衍射峰均出现,但是强度不同,是典型的多晶结构,这是由 ZnO 陶瓷靶是多晶粉末结构所致。而且各个峰位相对于纯氧化锌标准谱峰位有所偏移,是由于掺入 1%(摩尔分数)的 Li_2CO_3 的缘故。

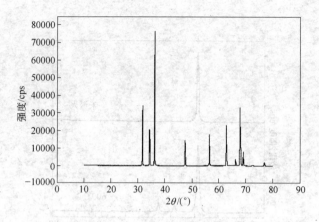

图 5 - 27 ZnO 陶瓷靶的 XRD

5.5.1.5 TiO₂ 的 NO₂ 敏感膜制备与 XRD 特性

TiO_2 由于其高化学稳定性、良好的电性能、优异的光学性能和很好的光催化性能在陶瓷材料、电介质材料、光学薄膜材料、光催化剂以及氧敏器件方面有着越来越广泛的应用。TiO_2 具有板钛矿、锐钛矿、金红石三种晶体结构。在一定的温度和压力下可发生结构的转化。一般薄膜中只存在锐钛矿、金红石两种结构。表 5 - 3 示出 TiO_2 的三种晶体结构。

表 5 - 3 TiO₂ 的三种晶体结构

项　　目		锐钛矿（Anatase）	金红石（Rutile）	板钛矿（Brockite）
所属晶系		四方晶系	四方晶系	正交晶系
晶格参数	a/nm	0.3785	0.4593	0.5456
	b/nm			0.9182
	c/nm	0.9514	0.2959	0.5143

在物质文明高速发展的同时，人们的生活水平也日益提高，与此同时将不可避免地带来对生态环境的破坏。NO_2 是一种强毒性气体，主要来自汽车和炼油厂燃烧产生的废气，是引起酸雨、

光化学烟雾以及腐蚀等环境问题的工业污染物之一；NO_2 气体对呼吸道有强烈的刺激作用，严重时造成肺损害甚至肺水肿。随着工业的高速发展，NO_2 气体的工业污染问题日益突出，对 NO_2 的监测也越来越受到关注。

TiO_2 是一种良好的对 NO_2 敏感材料。我们用溶胶－凝胶法制备 TiO_2 的 NO_2 敏感薄膜：将 24mL 无水乙醇置于烧杯中，并加入 6mL $Ti(OC_4H_9)_4$，经过 30min 的搅拌，得到均匀透明的淡黄色溶液 A。在 2mL 去离子水中滴加 23 滴浓 HNO_3 配成的溶液，于搅拌下以约 1~2 滴/s 的速率缓慢滴加到 A 溶液中，得到均匀透明的淡黄色溶液，继续搅拌 15min，放置陈化一段时间。溶液慢慢转化为溶胶，溶胶慢慢转化为凝胶。将清洗过的陶瓷管浸入所配制的溶胶中，以 (1.5~2)mm/s 的速度向上缓慢提出液面,这样就在基片上形成一层溶胶膜。将涂膜的基片在 100℃ 烘干 5min，反复 5 次，放在马弗炉中缓慢加热到不同的退火温度，在稳定的退火温度下热处理 2h。可以在陶瓷管上得到一定厚度的退火后不同晶型的 TiO_2 薄膜。

图 5－28 分别示出 500℃、700℃、800℃、900℃、1000℃ 退火温度下的 TiO_2 的 XRD 图像。其中标 A 的是锐钛矿相，标 R 的是金红石相。锐钛矿型 TiO_2 的衍射峰为 25.1°，金红石型的衍射峰为 27.4°。从图 5－28 中可以看出：500℃、700℃ 时 TiO_2 以锐钛矿相为主；到了 800℃ 以上就以金红石相为主。随着温度的降低锐钛矿相越来越明显，相反，随着温度的升高，金红石相越来越明显。可见，退火温度对薄膜结构有明显影响。

我们测定不同退火温度的 TiO_2 基片对 NO_2 气体的灵敏度。发现 500℃ 和 900℃ 退火样品有高的灵敏度。700℃ 和 800℃ 退火样品的灵敏度基本上差不多，但都小于 500℃ 和 900℃ 退火样品的灵敏度。而 1000℃ 退火样品的灵敏度小于 500℃ 和 900℃ 退火样品的灵敏度。这说明薄膜对 NO_2 的气敏特性与不同退火温度的 TiO_2 晶体结构有关。所以我们选择 900℃ 退火工艺。用原子力显微镜分析（AFM）分析（图 5－29），发现 900℃ 退火样品表面

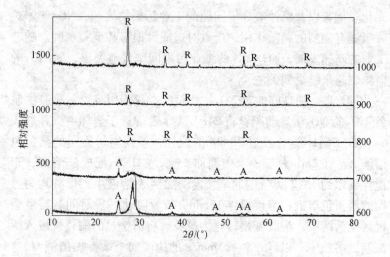

图 5-28　TiO$_2$ 样品不同退火温度后的 XRD 图像

比较平整。这就解释了 900℃退火下的灵敏度高的原因。此时晶粒度也不高（由图 5-29 可以看出），并不因 900℃退火而粗化。晶粒度小有利于气体吸附提高灵敏度。

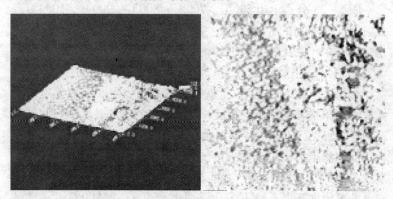

图 5-29　900℃退火样品的原子力显微图

5.5.1.6　TiO$_2$ 氧敏感膜制备与 XRD 特性

最早的氧敏传感器是 ZrO$_2$ 电解质氧敏传感器，但由于其存在烧结温度高、结构复杂、贵金属催化剂易失效、需要参比气体电极以及价格昂贵等缺点,其发展受到限制。TiO_2氧敏传感器,以工作温度低、性能好、结构简单、价廉、易集成等优点,逐渐占据了氧敏传感器市场,成为人们研究和应用中最为广泛的氧敏材料之一。

金红石结构是较为理想的氧敏相,不但具有最稳定的物理化学性质,而且在其晶格结构中氧空位的迁移率较高。目前TiO_2薄膜氧敏传感器工作温度范围为$800 \sim 1000℃$,还是比较高。我们制备的TiO_2薄膜氧敏传感器工作温度可降低到$400℃$。

利用直流磁控溅射在Si(111)和Al_2O_3基片上制备TiO_2薄膜。Ar作为溅射气体,O_2为反应气体,分别通过质量流量控制器进入制备室中。溅射电压为470V,电流为0.3A,氧分压为0.23Pa,总气压为1.6Pa,基片温度为150℃。在此条件下,溅射130min。实验时本底真空为2.0×10^{-5}Pa,基片与靶间距为9cm。

样品溅射后立即在马弗炉中加热温度分别为300℃,500℃,700℃,900℃,1100℃,为了保证退火彻底,加热时间均为3h。恒温结束后,在炉中放置9h以上,自然冷却后取出。

对Si(111)基片TiO_2薄膜样品进行了XRD分析,如图5-30所示。未退火TiO_2薄膜呈现无定形结构(无明显衍射峰出现),相近的实验结果在文献中也有报道,但与文献不一致。文献的样品未退火时为金红石与锐钛矿的混晶,这主要是由于它们的基片加热温度(600℃)很高。经过300℃退火后,TiO_2薄膜转变为锐钛矿结构(图5-30中A),出现A(101)、A(004)、A(105)晶向的衍射峰。经过500℃退火处理,仍呈现锐钛矿结构,晶体结构未发生根本性变化,但晶体取向更倾向于A(004)晶向,即其衍射峰更强。经过700℃退火处理,薄膜中出现了金红石结构(图5-30中R)R(110)峰,金红石结构和锐钛矿结构并存。经过900℃退火处理,薄膜结构未发生明显变化,但出现了R(310)峰,表明金红石结构TiO_2成分有所增加。经过1100℃退火处理,薄膜完全转化为金红石结构,最强衍射峰为 R（110），同时晶体中也出现了 B（200）、B（210）和 R（220）峰，这与文献报道不一致，他们在实验中发现经过 900℃ 退火处理后薄膜就完全转化为金红石结构，这可能是由于此文献的制膜方法采用的是中频交流磁控溅射，另外氧分压、溅射电压和电流等也与本实验不相同。XRD 图中也出现硅基片 Si（111）峰。金红石结构是较为理想的氧敏相，因此选取经过 1100℃ 退火的 Al_2O_3 陶瓷基片薄膜样品进行氧敏特性测试。测定了样品的电阻值与工作温度的关系，如图 5 - 31 所示。

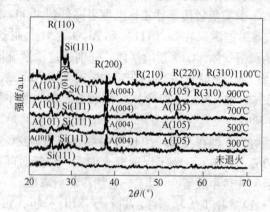

图 5 - 30　TiO_2 薄膜的 XRD 图

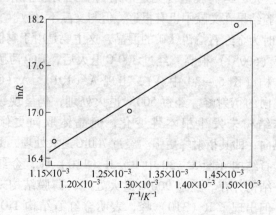

图 5 - 31　$\ln R$ - $1/T$ 曲线

由图 5 -31 计算得：激活能 $E = 0.41eV$。工作温度低，电阻高，应选取 400℃ 作为工作温度。但 300℃ 以下，电阻过高，不易测准。

5.5.2 Al 诱导纳米多晶硅-氮化铝隔膜薄膜 XRD 分析

目前普通扩散硅压力传感器基本上都采用［001］硅单晶做弹性体，用各向异性腐蚀法制备硅杯。其优点在于硅的机械强度高，弹性好，机械滞后小，制备方法简单。普通扩散硅压力传感器中弹性膜面上的 P 型力敏电阻条利用硼扩散法依靠 p - n 结隔离形成。利用 p - n 结隔离的力敏电阻主要缺点是：（1）电阻的电非线性造成零点的电漂移；（2）这种传感器只能适用于 120℃ 以下。温度升高，反相漏电便明显增加，超过 150℃ 后 p - n 结隔离便失效。因此要提高压力传感器高温性能的最佳途径是废除 p - n 结。近年来多晶硅-蓝宝石高温压力传感就采用多晶硅做力敏电阻，用蓝宝石陶瓷材料做弹性体。因为无 p - n 结，所以热漂移和电漂移小，工作温度可高达 300℃。但是用陶瓷片作弹性体时机械滞后大，制作工艺难度大，且与硅热匹配差，拟设法改进。

用硅单晶做弹性体，这比陶瓷材质弹性好，机械滞后小，制造工艺简单。又用与硅的热膨胀系数极为接近的氮化铝将力敏电阻与硅单晶弹性体绝缘隔离，因为无 p - n 结，可供制造高温力学量传感器。其中力敏电阻由多晶硅层光刻后制成。这要求先用溅射法得到非晶硅层，再采用 Al 诱导的方法进行 600℃ 退火，使非晶硅转化成纳米多晶硅。图 5 -32 示出不镀铝基底上的非晶硅薄膜 600℃ 退火的 XRD 谱，不出现硅（111）谱峰。图 5 -33 示出镀铝基底上的非晶硅薄膜退火 600℃ 的 XRD 谱，出现硅（111）谱峰，说明了 Al 的诱导作用。用溅射法制备非晶硅的方法成本低，工艺简单。表 5 -4 示出硅、铝晶体不同晶向的衍射角。

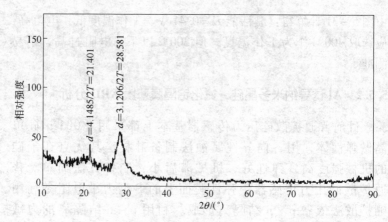

图 5 – 32　不镀铝基底上的非晶硅薄膜 600℃退火的 XRD 谱

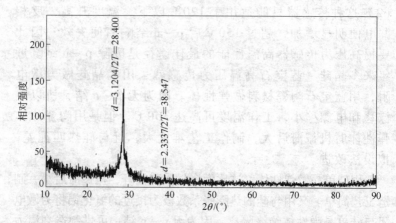

图 5 – 33　铝诱导非晶硅 600℃退火后 X 射线衍射谱

表 5 – 4　硅、铝晶体不同晶向的衍射角

材　料	d/nm	hkl(晶向)	2θ(计算值)/(°)	2θ(标准谱)/(°)	2θ(样品谱)/(°)
Al	2.338×10^{-10}	111	38.47	38.6	38.7
	2.024×10^{-10}	200	44.7	44.6	44.9
	1.431×10^{-10}	220	65.1	65.1	65.2
	1.221×10^{-10}	311	78.19	78.1	78.1

续表 5-4

材 料	d/nm	hkl(晶向)	2θ(计算值)/(°)	2θ(标准谱)/(°)	2θ(样品谱)/(°)
Si	2.258×10^{-10}	111	27.91	28.4	28.5
	1.3817×10^{-10}	220	46.41	47.4	47.4
	1.1785×10^{-10}	311	55.03	56.0	56.0
	0.9758×10^{-10}	400	67.83	68.9	68.9
	0.8714×10^{-10}	420	77.34	76.6	76.4

AlN 属六方纤锌矿结构，具有宽的带隙，高的电阻率，高的抗击穿电压（10^6 V/cm），高硬度（HV1500），高的声波传播速度，低的损耗，可用作绝缘隔离膜，又具有高热导率、高化学稳定性，对于压力传感器的电桥散热特别有利，可解决压力传感器启动时的零点时漂。在硅单晶片上溅射出 AlN 膜。用氮化铝做绝缘隔膜时，由于 AlN 的线膨胀系数（2.58×10^{-6}/℃）比 Al_2O_3（5.6×10^{-6}/℃）、SiO_2（0.5×10^{-6}/℃）更接近于硅（2.6×10^{-6}/℃）（$Al_2O_3 \gg AlN \approx Si \gg SiO_2$），热应力更小，更有利于提高传感器的性能。

利用直流磁控溅射仪在市售的（001）硅单晶圆片上反应溅射氮化铝薄膜。靶为纯铝（99.9%）材质。硅单晶基底圆片为 n 型或 p 型，掺杂浓度或电阻率以适合各向异性腐蚀为宜；一般 n 型选择几个欧姆·厘米以下，p 型选择几个欧姆·厘米以上。溅射时，反应室通入氩气和氮气（体积比为 4∶1，总压强为 4×10^{-1} Pa，由气体流量控制器控制）。氩为溅射气体，氮为反应气体。溅射时应加热基板 150℃以上（在热的硅单晶圆片上成膜有利于提高氮化铝薄膜的附着力）。溅射时避免过高的溅射电压和溅射电流。靶与基片之间发生放电，使氮化铝击穿而致漏电。

首先在硅单晶圆片上沉积氮化铝膜（厚约 0.5 μm）后，将其放入退火炉，加热到 700℃，保温 1h 后缓冷。图 5-34 所示为经过 700℃热处理后，硅衬底上的 AlN 膜的 XRD 谱。除了 $2\theta = 28.4°$，$d = 3.142 \times 10^{-10}$ nm 的硅（111）峰外，还出现 $2\theta = 31.5°$，$d = 2.7 \times 10^{-10}$ nm 的 AlN 的（01$\bar{1}$0）峰。

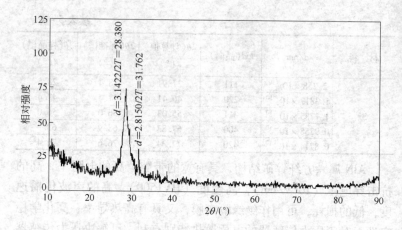

图 5 - 34　硅上氮化铝膜 700℃退火后 X 射线衍射谱

　　然后，在上述溅射氮化铝薄膜的硅单晶圆片上再溅射一层铝膜（厚约 0.1μm），溅射时关闭氮气，只通入氩气。在上述溅射有铝膜和氮化铝膜的硅单晶圆片上再溅射一层非晶硅（1μm），非晶硅溅射所用的靶材为 p 型硅，其电阻率为 0.7Ω·cm，溅射时关闭氮气，只通入氩气。然后送退火炉在 600℃保温 1h，在铝诱导下，使非晶硅晶化，同时使硼原子恢复电活性。图 5 - 33 所示为铝诱导非晶硅 600℃退火后样品的 X 射线衍射谱。$2\theta = 28.4°$处出现硅（111）的尖锐衍射峰，说明晶化成功。证明溅射的非晶硅可以在退火的条件下依靠铝诱导法转化为纳米晶硅。最终可制得无 p-n 结高温力学量传感器，可在 300℃以下使用。通过 X 射线衍射谱可以分析非晶态薄膜的固相晶化过程。

5.5.3　小结

　　通过测定和分析多种传感器纳米薄膜的 XRD 谱，观察到材料及其制备方法，掺杂种类、比例，退火温度对 XRD 谱的影响，具体如下：

　　（1）所测材料的 XRD 谱基本上与标准图谱一致。特别是厚层样品出现较丰富的谱线；而薄膜样品只出现低指数面峰线或少量较高指数面峰线。

（2）用溅射法制备薄膜只得到非晶态，XRD 谱中都不出现衍射峰线。经退火可不同程度转变成纳米晶粒。退火温度越高，转变越彻底，但会使晶粒粗化。利用 Scherrer 公式可估计粒径。

（3）掺杂可改变晶体结构，主要是面间距的变化，相应峰线向左移则增加，右移则减小，从而判断杂质是否进入晶格中。掺杂也可改变晶粒度，影响气敏灵敏度。

（4）当材料（如 TiO_2）在不同温度下有不同晶型时，经不同温度退火，可从非晶态向不同晶型转变。这取决于相变自由能。也可出现多相并存的情况，与选择的退火温度及掺杂有关。从所测 XRD 与标准图谱或他人所得图谱比较，很容易作出判断。究竟选择哪个相，视气敏灵敏度及其稳定性而定。

（5）从非晶态向纳米晶型转变时不仅仅取决于退火温度，还取决于诱导物质（如 Al 对非晶硅），这时可大大降低退火温度。依靠 XRD 谱中的相应晶相的低指数面谱线的出现来选择退火温度。

我们利用 XRD 分析多种纳米薄膜，制备出 NH_3、NO_2、丙酮、有机蒸气、O_2 气敏、压电加速度、力学量传感器，制备出多种传感器。这与 XRD 分析所得结果的指导密切有关。

5.6 用 X 射线测定多晶体中的各向异性正应变

5.6.1 引言

众所周知，晶体具有各向异性。不同方向原子密度不一样。化学反应时，反应速率各向异性。在凹角腐蚀时，原子面密度大的低指数面被显露出来。但面心立方晶体由于其对称性高，通常按各向同性进行应力应变分析。对于金属材料来说，更由于它是多晶体，各向异性因积分平均效应而被模糊。当前，纳米技术的兴起以及 MEMS 技术的应用，各向异性问题受到充分重视。因为纳米颗粒或 MEMS 元件已不是多晶体而是单晶体。各向异性效应不会因积分而被模糊化。用各向同性有限元计算不符合实际。证实面心立方晶体各向异性应变的最好的方法是利用 X 射线衍射实验。X 射线衍射早已应用于应力与应变的测量。根据测定的 X 射线衍射角可计算出衍射面的面间距：

$$d = \lambda/2\sin\theta$$

比较有无应变时的面间距，可得到应变：

$$e_{hkl} = \frac{\Delta d}{d} = 1 - \frac{\sin\theta}{\sin(\theta - \Delta\theta)} \quad \text{或} \quad e_{hkl} \approx \text{ctan}\theta \Delta\theta$$

式中，e_{hkl}、Δd、$\Delta\theta$ 分别为（hkl）衍射面的应变、有无应变时的面间距变化和 X 射线衍射角的变化。在相同的单轴应力下，如果不同的（hkl）衍射面测得的应变不同，则说明应变具有各向异性。因此应在单轴应力下，进行 X 射线衍射测量。

5.6.2　在单轴应力下，进行 X 射线衍射实验测量

5.6.2.1　单轴应力的实现

铝是面心立方晶格。通常金属铝棒是铝合金多晶体。我们把它制成一圆环，如图 5-35 所示。由 4.4 节可知，当圆环方位角

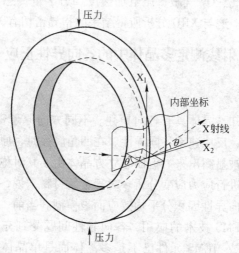

图 5-35　铝环 X 射线衍射布置及坐标

$\phi = 0°$时，切应力 $\sigma_{12} = 0$。当 $r = R(\alpha = 1)$ 时，在外壁上径向应力 $\sigma_{22} = 0$（满足边界法向应力为零）。因此，当 $\phi = 0°$时，只存在周向应力 $\sigma_{\theta\theta}(0°) = \sigma_{11}$（设周向为单轴向）。这时就满足单轴应力条件。另外，在奇点（$\phi \approx 50°$）处，无应力和应变。在此两点进行 X 射线衍射实验测量，如图 5-36 所示的 X 射线谱。此两点分别在圆环的膨胀区（$\phi = 0°$）和压缩区与膨胀区的交界（$\phi \approx 50°$）外壁附近，如图 5-37 所示，图中箭头代表单轴应力方向。

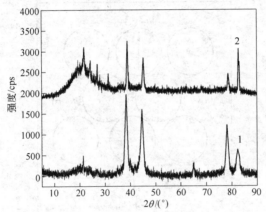

图 5-36 铝环上方位角 Φ 分别为 0°（曲线 1）和
50°（曲线 2）时测得的 X 射线衍射强度与 2θ 的关系

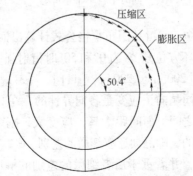

图 5-37 作为单轴正应力的周向应力沿圆环外壁的分布

5.6.2.2 X射线衍射实验

对于多晶体来说，不同晶粒有不同取向。但某一区中，在外壁附近的若干邻近的晶粒总有一些它们的 [200]、[220]、[111]、[311] 相互平行，且与周向单轴平行，如图 5 – 38 所示。又使 X 射线的入射面与单轴平行，当入射角 θ 满足衍射条件时，相应晶面便发生衍射。

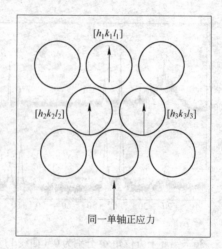

图 5 – 38 若干邻近的晶粒，其 $[h_1k_1l_1]$，$[h_2k_2l_2]$，
$[h_3k_3l_3]$ 同时平行单轴正应力 $[\sigma_{11}]$

测得入射角 θ，便可利用布喇格公式计算出面间距及其变化。图 5 – 36 示出圆环方位角 Φ 为 0°和 50°时衍射强度与 2θ 的关系。表 5 – 5 中示出 [200]，[220]，[111]，[311] 的结果。由表 5 – 5可看出，不同晶向正应变是各向异性的，在 0.0286，0.0242，0.0113，0.0070 之间。面间距大者，应变大，刚度小，但两者也不是严格成正比的，随晶向还有细微的差别。6.2 节对这一结果作一详细机理分析，并着重于后者细微的差别的解释。这在于几何原因，因 [hkl] 与 [110] 之间有不同的夹角。

表 5-5 铝环不同方位角 Φ 上受应变衍射角的变化与正应变计算结果

晶面 (hkl)	铝环两个方位上测得的 $2\theta/(°)$		晶格面间距计算值/m		$\Delta\theta/(°) = \theta_{0°} - \theta_{50°}$	晶格面间距差值 $\Delta d_{0°-50°}$ /m	铝环零度方位上应变值 $\varepsilon_{0°}$ ($\varepsilon_{50°}=0$)	$1/\varepsilon_{0°}$ 以实验应力为单位的刚度
	50°	0°	50°	0°				
111	38.979	38.415	2.3088×10^{-10}	2.3749×10^{-10}	-0.282	0.0661×10^{-10}	0.0286	35.0
200	45.220	44.658	2.0036×10^{-10}	2.0520×10^{-10}	-0.281	0.0484×10^{-10}	0.0242	41.3
220	78.618	78.096	1.2159×10^{-10}	1.2296×10^{-10}	-0.261	0.0137×10^{-10}	0.0113	88.5
311	82.755	82.398	1.1653×10^{-10}	1.1736×10^{-10}	-0.1785	0.0083×10^{-10}	0.0070	143

6 ‖ 各向异性情况下的应变

如 5.6 节所揭示的，晶体具有各向异性的应变。其机理和计算是本章所要重点讨论的。阅读本章需承接 5.6 节，因为该节与 X 射线衍射有关，所以将它放在第 5 章。

6.1 各向同性情况下的应变的坐标变换

为了了解各向异性应变的坐标变换的特点，先讨论各向同性情况下的应变的坐标变换。对于多晶材料，各向异性应变被埋没掉了，因此多晶材料通常看成是各向同性材料。在各向同性情况下，设有相互垂直的 x_1，x_2，x_3 坐标系，相应正应力、正应变的胡克定律为：

$$\begin{bmatrix} e_{11} \\ e_{22} \\ e_{33} \end{bmatrix} = \begin{bmatrix} \dfrac{1}{E} & \dfrac{\nu}{E} & \dfrac{\nu}{E} \\ \dfrac{\nu}{E} & \dfrac{1}{E} & \dfrac{\nu}{E} \\ \dfrac{\nu}{E} & \dfrac{\nu}{E} & \dfrac{1}{E} \end{bmatrix} \cdot \begin{bmatrix} \sigma_{11} \\ \sigma_{22} \\ \sigma_{33} \end{bmatrix}$$

或

$$\begin{bmatrix} \sigma_{11} \\ \sigma_{22} \\ \sigma_{33} \end{bmatrix} = \begin{bmatrix} \dfrac{1}{E} & \dfrac{\nu}{E} & \dfrac{\nu}{E} \\ \dfrac{\nu}{E} & \dfrac{1}{E} & \dfrac{\nu}{E} \\ \dfrac{\nu}{E} & \dfrac{\nu}{E} & \dfrac{1}{E} \end{bmatrix}^{-1} \cdot \begin{bmatrix} e_{11} \\ e_{22} \\ e_{33} \end{bmatrix} \qquad (6-1)$$

现在我们来证明，刚度矩阵是常数，与任何方向无关。设对于任意相互垂直的 x_i，x_j，x_k 坐标系，相应的胡克定律为：

$$\begin{bmatrix} \sigma_{ii} \\ \sigma_{jj} \\ \sigma_{kk} \end{bmatrix} = \begin{bmatrix} \dfrac{1}{E_{ijk}} & \dfrac{\nu'}{E_{ijk}} & \dfrac{\nu'}{E_{ijk}} \\ \dfrac{\nu'}{E_{ijk}} & \dfrac{1}{E_{ijk}} & \dfrac{\nu'}{E_{ijk}} \\ \dfrac{\nu'}{E_{ijk}} & \dfrac{\nu'}{E_{ijk}} & \dfrac{1}{E_{ijk}} \end{bmatrix}^{-1} \begin{bmatrix} e_{ii} \\ e_{jj} \\ e_{kk} \end{bmatrix} \qquad (6-2)$$

这时要证明 $E_{ijk} = E$ 和 $\nu' = \nu$，刚度矩阵才是常数。

又

$$\begin{bmatrix} \sigma_{ii} \\ \sigma_{jj} \\ \sigma_{kk} \end{bmatrix} = \begin{bmatrix} T_{i1}T_{11} & T_{i2}T_{12} & T_{i3}T_{13} \\ T_{j1}T_{j1} & T_{j2}T_{22} & T_{j3}T_{j3} \\ T_{k1}T_{31} & T_{k2}T_{32} & T_{k3}T_{k3} \end{bmatrix} \begin{bmatrix} \sigma_{11} \\ \sigma_{22} \\ \sigma_{33} \end{bmatrix} \quad (6-3)$$

其中 $[T]$ 是 x_i，x_j，x_k 坐标系与 x_1，x_2，x_3 坐标系的坐标变换矩阵。由式 6-1、式 6-3 进一步得到：

$$\begin{bmatrix} \sigma_{ii} \\ \sigma_{jj} \\ \sigma_{kk} \end{bmatrix} = \begin{bmatrix} T_{i1}T_{11} & T_{i2}T_{12} & T_{i3}T_{13} \\ T_{j1}T_{j1} & T_{j2}T_{22} & T_{j3}T_{j3} \\ T_{k1}T_{31} & T_{k2}T_{32} & T_{k3}T_{k3} \end{bmatrix} \begin{bmatrix} \dfrac{1}{E} & \dfrac{\nu}{E} & \dfrac{\nu}{E} \\ \dfrac{\nu}{E} & \dfrac{1}{E} & \dfrac{\nu}{E} \\ \dfrac{\nu}{E} & \dfrac{\nu}{E} & \dfrac{1}{E} \end{bmatrix}^{-1} \begin{bmatrix} e_{11} \\ e_{22} \\ e_{33} \end{bmatrix} \quad (6-4)$$

考虑到正应力与正应变的坐标变换矩阵是一样的，于是由式 6-4 得到：

$$\begin{bmatrix} \sigma_{ii} \\ \sigma_{jj} \\ \sigma_{kk} \end{bmatrix} = \begin{bmatrix} T_{i1}T_{11} & T_{i2}T_{12} & T_{i3}T_{13} \\ T_{j1}T_{j1} & T_{j2}T_{22} & T_{j3}T_{j3} \\ T_{k1}T_{31} & T_{k2}T_{32} & T_{k3}T_{k3} \end{bmatrix} \begin{bmatrix} \dfrac{1}{E} & \dfrac{\nu}{E} & \dfrac{\nu}{E} \\ \dfrac{\nu}{E} & \dfrac{1}{E} & \dfrac{\nu}{E} \\ \dfrac{\nu}{E} & \dfrac{\nu}{E} & \dfrac{1}{E} \end{bmatrix}^{-1} \cdot$$

$$\begin{bmatrix} T_{i1}T_{11} & T_{i2}T_{12} & T_{i3}T_{13} \\ T_{j1}T_{j1} & T_{j2}T_{22} & T_{j3}T_{j3} \\ T_{k1}T_{31} & T_{k2}T_{32} & T_{k3}T_{k3} \end{bmatrix}^{-1} \begin{bmatrix} e_{ii} \\ e_{jj} \\ e_{kk} \end{bmatrix} \quad (6-5)$$

由式 6-2 和式 6-5 右端相等，可得：

$$\begin{bmatrix} \dfrac{1}{E_{ijk}} & \dfrac{\nu'}{E_{ijk}} & \dfrac{\nu'}{E_{ijk}} \\ \dfrac{\nu'}{E_{ijk}} & \dfrac{1}{E_{ijk}} & \dfrac{\nu'}{E_{ijk}} \\ \dfrac{\nu'}{E_{ijk}} & \dfrac{\nu'}{E_{ijk}} & \dfrac{1}{E_{ijk}} \end{bmatrix}^{-1} \begin{bmatrix} e_{ii} \\ e_{jj} \\ e_{kk} \end{bmatrix} = \begin{bmatrix} T_{i1}T_{11} & T_{i2}T_{12} & T_{i3}T_{13} \\ T_{j1}T_{j1} & T_{j2}T_{22} & T_{j3}T_{j3} \\ T_{k1}T_{31} & T_{k2}T_{32} & T_{k3}T_{k3} \end{bmatrix} \begin{bmatrix} \dfrac{1}{E} & \dfrac{\nu}{E} & \dfrac{\nu}{E} \\ \dfrac{\nu}{E} & \dfrac{1}{E} & \dfrac{\nu}{E} \\ \dfrac{\nu}{E} & \dfrac{\nu}{E} & \dfrac{1}{E} \end{bmatrix}^{-1} \cdot$$

$$\begin{bmatrix} T_{i1}T_{11} & T_{i2}T_{12} & T_{i3}T_{i3} \\ T_{j1}T_{j1} & T_{j2}T_{22} & T_{j3}T_{j3} \\ T_{k1}T_{31} & T_{k2}T_{32} & T_{k3}T_{k3} \end{bmatrix}^{-1} \begin{bmatrix} e_{ii} \\ e_{jj} \\ e_{kk} \end{bmatrix}$$

$$(6-6)$$

将右端 $\begin{bmatrix} e_{ii} \\ e_{jj} \\ e_{kk} \end{bmatrix}$ 前的项 $\begin{bmatrix} T_{i1}T_{11} & T_{i2}T_{12} & T_{i3}T_{i3} \\ T_{j1}T_{j1} & T_{j2}T_{22} & T_{j3}T_{j3} \\ T_{k1}T_{31} & T_{k2}T_{32} & T_{k3}T_{k3} \end{bmatrix}^{-1}$ 移到方程 6 - 6 的

左端，因为 $[T]$ 是一个正交矩阵，可得：

$$\begin{bmatrix} T_{i1}T_{11} & T_{i2}T_{12} & T_{i3}T_{i3} \\ T_{j1}T_{j1} & T_{j2}T_{22} & T_{j3}T_{j3} \\ T_{k1}T_{31} & T_{k2}T_{32} & T_{k3}T_{k3} \end{bmatrix} \begin{bmatrix} \dfrac{1}{E_{ijk}} & \dfrac{\nu'}{E_{ijk}} & \dfrac{\nu'}{E_{ijk}} \\ \dfrac{\nu'}{E_{ijk}} & \dfrac{1}{E_{ijk}} & \dfrac{\nu'}{E_{ijk}} \\ \dfrac{\nu'}{E_{ijk}} & \dfrac{\nu'}{E_{ijk}} & \dfrac{1}{E_{ijk}} \end{bmatrix}^{-1}$$

$$= \begin{bmatrix} T_{i1}T_{11} & T_{i2}T_{12} & T_{i3}T_{i3} \\ T_{j1}T_{j1} & T_{j2}T_{22} & T_{j3}T_{j3} \\ T_{k1}T_{31} & T_{k2}T_{32} & T_{k3}T_{k3} \end{bmatrix} \cdot \begin{bmatrix} \dfrac{1}{E} & \dfrac{\nu}{E} & \dfrac{\nu}{E} \\ \dfrac{\nu}{E} & \dfrac{1}{E} & \dfrac{\nu}{E} \\ \dfrac{\nu}{E} & \dfrac{\nu}{E} & \dfrac{1}{E} \end{bmatrix}^{-1}$$

可以看出，仅当 $E_{ijk} = E$ 和 $\nu' = \nu$ 时，这一等式成立。因此，E 和 ν 是各向同性的，刚度矩阵是常数矩阵。胡克定律对任何 i，j，k 坐标系始终成立。若 $\sigma_{jj} = \sigma_{kk} = 0$，那么对任何方向 i 的应变 $e_{ii} = \sigma_{ii}/E$。2.1 节中已说明，当 σ_{11} 在 x_1 方向上拉伸 e_{11}，同时在 x_2 和 x_3 方向上收缩 e_{22} 和 e_{33}，尽可能保持材料的密度不变。所以，$\nu \approx -0.32$，与方向无关。也就是说，任意某一方向拉伸，必然在其两个横向发生收缩。E 和 ν 是相互相存、不随方向而变化的互存关系。

对各向同性的多晶铝，其刚度 E 和泊松比 ν 分别为 $(68 \sim 70) \times 10^{13}$ Pa 和 -0.32。可以看出，当单轴应力下，若 $\sigma_{ii} =$

6.67MPa 且 $\sigma_{jj} = \sigma_{kk} = 0$ 作为一个例子载荷，那么 $e_{ii} = \sigma_{ii}/E = 9.16 \times 10^{-5}$。多晶中的应变如此之小，要远远小于在同样单轴应力 σ_{ii} 下，单晶中不同晶向的各向异性应变 $e_{ii} = 0.0286 - 0.0070$。5.6 节已用 XRD 实验证明了该数据。6.2 节将给予详细的机理解释。

6.2　各向异性情况下的应变机理分析

　　面心立方晶格的塑性形变与滑移系有关。滑移系由滑移面 {111} 和滑移方向 <110> 所组成。弹性形变与原子密排方向 <110> 键的伸长和键角变化有关。图 6-1 示出面心晶格中的 24 键和 (002)，(111)，(220)，(311) 之间的关系。相应晶面的弹性拉伸形变仅与该面的悬挂键有关，与其他键无关。有关键可以分为两类：(1) 单键。如 (111)，(220)，(311) 所挂的键，这时平均每一面上的一个原子挂有一个键；(2) 双键。如 (200) 所挂的键。此时一个原子挂两个键。我们把顶点原子记

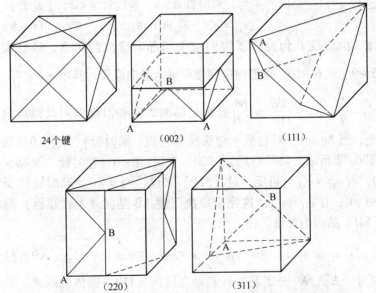

图 6-1　晶面 {hkl} 和其相关悬挂原子密排方向 ⟨110⟩ 上的原子键关系

为 A，而把另一端面心原子记为 B。顶点原子 A 有 12 个键，四面八方分布。对顶点原子 A 上的每一键来说，有很高的对称性，引起键角变化的刚度也是对称的，不具方向性。对 B 原子上的每一键来说，晶面的伸缩将引起 AB 键伸缩，B 原子移动以及 AB 键键角变化。A 原子上键多，移动难，就将所在晶面看成固定。

6.2.1 晶面膨胀和键变形的关系

图 6-2 示出单键情况下（hkl）晶面膨胀和键变形的几何关系。这里和图 6-1 不一样，只考虑半个切头梯形。它由 [hkl] 晶向和键所组成，键角的变化是各向同性的。由图 6-2 可导出以下关系：

$$\frac{\Delta d}{d} = \frac{\Delta l \cos\theta}{d} - \frac{l\delta\theta}{d}\sin|\theta| = \frac{\Delta l}{l} - \delta\theta\tan|\theta| \qquad (6-7)$$

式中，d 和 l 分别是（hkl）晶面的面间距和键长；θ 为所考虑的键与 [hkl] 晶向的夹角；顺时针 $\theta > 0$，逆时针 $\theta < 0$。于是有：

$$e_{11} = e'_{11} - e'_{22}\theta\tan|\theta| \qquad (6-8)$$

该式由应变几何建立了键向应变与晶向应变间关系，联合式 6-9、式 6-10，由键向应变便可确定晶向应变。其中 $e_{11} = \frac{\Delta d}{d}$，$e'_{11} = \frac{\Delta l}{l}$，$e'_{22} = \frac{l\delta\theta}{l|\theta|} = \frac{\delta\theta}{|\theta|}$ 分别是晶面纵向和沿键纵向及键角应变。当 $\delta\theta > 0$（对右半个切头梯形来说，顺时针），$e'_{22} > 0$。如图 6-2 所示，对 [111]，[220] 来说，$\theta < 0$（逆时针）又 $\delta\theta > 0$，有 $e_{11} > e'_{11}$。相反，对 [311] 来说，则 $\theta > 0$（顺时针）又 $\delta\theta > 0$，有 $e_{11} < e'_{11}$。这完全取决于键 AB 晶向（A 在顶点）与 [hkl] 晶向的关系。设

$$e'_{11} = \frac{1}{E_{/\!/}}\sigma'_{11}, \quad e'_{22} = \frac{1}{E_\perp}\sigma'_{22} \qquad (6-9)$$

式中，$E_{/\!/}$，$E_\perp$ 分别是平行和垂直键向 <110> 固体的刚度，具有各向同性。因为 e_{11} 仅仅是由 σ_{11} 造成的，e'_{11} 和 e'_{22} 是随 e_{11} 一起

拉动下形成的，因此 σ'_{11} 和 σ'_{22} 只与 σ_{11} 有关，是它的应力分量。故：

$$\sigma'_{11} = \cos^2\theta\sigma_{11}, \quad \sigma'_{22} = \sin^2\theta\sigma_{11} \quad (6-10)$$

上式分别是平行和垂直键向的应力，只与 σ_{11} 有关。于是，由式 6-8~式 6-10 可得

$$e_{11} = \left(\frac{1}{E_{/\!/}}\cos^2\theta - \frac{1}{E_{\perp}}\theta\tan|\theta|\sin^2\theta\right)\sigma_{11} \quad (6-11)$$

$$= \left(\cos^2\theta - \frac{E_{/\!/}}{E_{\perp}}\theta\tan|\theta|\sin^2\theta\right)\frac{1}{E_{/\!/}}\sigma_{11}$$

式中与 $\frac{1}{E_{/\!/}}\cos^2\theta$ 有关项是 σ_{11} 引起键拉伸的方向因子项，第二项是 σ_{11} 引起键角变化项。假设 $E_{\perp}=100E_{/\!/}$，利用式 6-11 计算 (111)，(220)，(311) 晶面的正应变，则与 5.6 节 X 射线衍射实验结果一致。这说明此假设 $E_{\perp}=100E_{/\!/}$ 被实验证明是成立的。前面已指出，以顶点 A 为基点的 AB 键有高对称性，键的横向刚度则无方向性。$E_{\perp}=100E_{/\!/}$ 适用于计算除 (200) 面外任何晶面的应变。请注意，对 [311] 晶向，由于 $\theta>0$（顺时针），式 6-11 第二项和图 6-2 表明 [311] 晶向应变比式 6-11 单纯第一项方向余弦项还小。因此 [311] 晶向的应变最小。这与 5.6 节实验结果一致。另外由表 6-1 还可以看出，对 [200] 晶向，若按式 6-11 计算出的应变归一化值 (0.755) 及 $\cos^2\theta$ 归一化值 (0.75) 与实验归一化值 0.846 相差很大（表 6-1），不适用于 [200] 晶向的计算。追究原因是 (200) 晶面之间每一个原子有两个不同方向的倾斜键，如图 6-2 所示。因此 (200) 面拉伸时，B 原子的移动受到此两键的限制，使 B 原子只能沿 [200] 晶向移动，不能做键的横向（即与键相垂直的方向）自由移动，因为 B 原子有两个不同方向的相等的横向力作用。如图 6-2 所示，键 1、键 2 分别受张应力 $\sigma'_{11} = \cos^2\theta\sigma_{11} = 0.5\sigma_{11}$（单轴时），键相对伸长 $\frac{\Delta l}{l} = \frac{\sigma'_{11}}{E_{/\!/}} = 0.5\frac{\sigma_{11}}{E_{/\!/}}$。$\Delta l_1$，$\Delta l_2$ 分别帮助

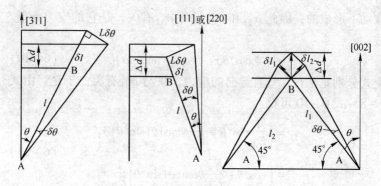

图 6 - 2 晶面膨胀和键变形的关系

$\delta\theta_2$，$\delta\theta_1$ 使 $E_\perp$ 变小，角变形更易。Δl_1，Δl_2 合成 $\delta d = \sqrt{2}\,\Delta l$ 变大，纵向膨胀更大。这就说明为什么 [200] 晶向归一化应变比

$$e_{11} = \left(\frac{1}{E_/\!/}\cos^2\theta - \frac{1}{E_\perp}\theta\tan|\theta|\sin^2\theta\right)\sigma_{11}$$ 计算值更大。如果取 $E_\perp = 6.03E_/\!/$，则可满足实验值。因为 $\theta < 0$（逆时针），所以 (200) 晶面相对归一化膨胀应变比 (111) 和 (220) 更大。表 6 - 1 示出单位单轴应力下计算的应变。由式 6 - 11 可得到沿 〈110〉方

向的固体刚度：$E_{110} = E_/\!/ = \left(\cos^2\theta - \dfrac{E_/\!/}{E_\perp}\theta\tan|\theta|\sin^2\theta\right)\dfrac{\sigma_{11}}{e_{11}}$。其中

σ_{11} 和 e_{11} 是实验单轴应力 [σ_{11}] 和相应正应变实验值。取正应变实验值及 $E_\perp/E_/\!/ = 100$ 或对 [200] 取 $E_\perp/E_/\!/ = 6.05$，计算得到 $E_/\!/ = 23.3$[σ_{11}] 并示于表 6 - 1 中。例如，对 [200] 和 [111]，分别也有 $E_/\!/ = 0.565/0.242 = 23.3$[$\sigma_{11}$] 和 $E_/\!/ = 0.668/0.0286 = 23.35$[$\sigma_{11}$]，其中 [$\sigma_{11}$] 为实验的单轴应力。

如果对任何 [hkl] 有式 $e_{11} = \dfrac{1}{E_{hkl}}\sigma_{11}$，则有沿 [hkl] 方向的刚

度：

$$E_{hkl} = \left(\cos^2\theta - \frac{E_/\!/}{E_\perp}\theta\tan|\theta|\sin^2\theta\right)^{-1}E_/\!/$$

$$= 23.3 \times \left(\cos^2\theta - \frac{E_/\!/}{E_\perp}\theta\tan|\theta|\sin^2\theta\right)^{-1}[\sigma_{11}] \qquad (6 - 12)$$

例如，$E_{200}=23.3/0.565=41.3[\sigma_{11}]$，又 $E_{111}=23.3/0.668=35$ $[\sigma_{11}]$。也就是说，计算值与表 6-1 中实验值是一致的。故刚度是各向异性的，取决于 $[hkl]$ 晶向与所挂 $[110]$ 键之间的夹角 θ。

表 6-1　单轴应力下不同晶向计算出的正应变及 E_{hkl}，$E_{//}$ 与实验值的比较

晶　　向	(002)	(111)	[220]	[311]
θ	$-45°$ (-0.784)	$-35.26°$ (-0.615)	$-60°$ (-1.047)	$+64.7°$ (1.13)
$\cos^2\theta$	0.5	0.667	0.25	0.1818
$\sin^2\theta$	0.5	0.333	0.75	0.8182
$\theta\tan\lvert\theta\rvert\sin^2\theta$	-0.392	-0.145	-1.358	1.96
单位应力的应变计算值	0.565	0.668	0.264	0.162
应变实验值	0.0242	0.0286	0.0113	0.0070
$\cos^2\theta$ 的归一化值	0.75	1	0.375	0.273
应变计算值的相对归一化值	0.846	1	0.395	0.243
应变实验相对归一化值	0.846	1	0.395	0.243
计算的 E_{hkl}（以 $[\sigma_{11}]$ 单位）	41.3	35.0	88.5	143
计算的 E_{110}（以 $[\sigma_{11}]$ 单位）	23.3	23.35	23.36	23.1

由表 6-1 可看出，以单位纵向应力计算出的应变值与应变实验值一致，而与单纯 $\cos^2\theta$ 的归一化值不一致。这说明 $E_\perp=100E_{//}$ 及 $E_\perp=6.03E_{//}$（$[200]$ 晶向）成立，又式 6-11 中第二项解释了这一原因。表 6-1 还示出计算的 $[hkl]$ 刚度 E_{hkl}（以 $[\sigma_{11}]$ 为单位）与实验一致，且计算的 $[110]$ 向刚度 $E_{//}$ 全都一致，为 23.3（以 $[\sigma_{11}]$ 为单位）。本节机理所推导的公式计算值与实验值完全一致。虽然我们只讨论了 X 射线衍射面，但式 6-12 也适用于其他不发生衍射的晶面。关键是考虑该面与其沿 $[110]$ 悬挂键的关系。

6.2.2　各向异性刚度 E_{hkl} 与各向同性刚度 E 之间的关系

上面已得到，计算出的不同 $[hkl]$ 的刚度 E_{hkl}（以 $[\sigma_{11}]$

为单位）且与实验一致。下面再计算其他重要的 [hkl] 的刚度。表 6 - 2 示出利用式 6 - 12 计算出的不同 θ（θ 是晶向 hkl 与 [110] 之间的夹角）时的各向异性刚度 E_{hkl}。

表 6 - 2 计算出的不同 θ（顺时针，$\theta > 0$）时的各向异性刚度 E_{hkl}

$\theta/(°)$	-85	-80	-60	-45	-35.3	-20	0	35.3	60	64.7	80	85
E_{hkl}（以 $[\sigma_{11}]$ 为单位）	132	219	88.5	41[①], 46.2	34.9	26	23.3	35	93	143	502	145

① 这里对 [122] 且 $\theta = -45°$ 时，$E_\perp / E_{//} = 100$。但仅对 [002] 且 $\theta = -45°$ 时，$E_\perp / E_{//} = 6.03$。

这里的各向异性刚度 E_{hkl}（以 $[\sigma_{11}]$ 为单位）仅对一个 [hkl] 方向而言。它躺在与某一指定 [110] 方向的键相平行的面上。这样，对所有全部 [hkl] 方向和全部 [110] 方向键的刚度的总和就代表多晶体各向同性刚度。这一各向同性刚度就是均匀材料的各向同性刚度 E。根据这一原理，我们可以构建各向异性刚度 E_{hkl} 和各向同性刚度 E 之间的关系。

在图 6 - 3 所示的在与某一指定 [110] 方向的键所躺面积分平面，θ 角从 $-\pi/2$ 到 $\pi/2$ 对 E_{hkl} 积分可得下式：

$$\sum E_{hkl} = \int_{-\pi/2}^{\pi/2} \left(\cos^2\theta - \frac{E_{//}}{E_\perp} \theta \tan | \theta | \sin^2\theta \right)^{-1} \mathrm{d}\theta E_{//}$$

$$= \pi \overline{E}_{hkl} \approx \pi \times 85 [\sigma_{11}] = 267 [\sigma_{11}] \qquad (6-13)$$

式中，$E_{//} \approx 23.2 [\sigma_{11}]$。因为积分式中被积式，当 $\theta = \pm \pi/2$ 时，$\left[\cos^2\theta - \frac{E_{//}}{E_\perp} \theta \tan | \theta | \sin^2\theta \right]^{-1} = 0$，因此，它是可积的。图 6 - 4 示出 E_{hkl} 和 θ 的曲线关系。积分平均值可从图 6 - 4 得出：$\overline{E}_{hkl} = 85 [\sigma_{11}]$。$\overline{E}_{hkl}$ 是与一个指定的 [110] 方向平行的平面上所有 E_{hkl} 的平均值。其总和为 $\sum E_{hkl} = \pi \overline{E}_{hkl} \approx \pi 85 [\sigma_{11}]$。

因为围绕 [110] 键，从 0 到 π 有许多这样的平面，它们都与 [110] 键相平行，如图 6 - 3 所示。图 6 - 3 示出不同 [hkl]

所躺平面围绕 [110] 轴从 0 到 π 的旋转。因此这一积分效应为 $\sum^{(1)} E_{hkl} = 85 [\sigma_{11}] \times \pi^2$。全部不同的 [110] 键分布在空间 4π 立体角中。其积分效应为 $\sum \sum^{(1)} E_{hkl} = 4\pi \sum^{(1)} E_{hkl} = 4\pi^3 \times 85$ $[\sigma_{11}]$。这等价于多晶均匀材料的各向同性刚度 E。我们能利用下式:

$$[\sigma_{11}] = E / [4\pi^3 \overline{E_{hkl}}] = (68 \sim 70) \times 10^5 / [4\pi^3 85]$$
$$= (645 \sim 664) \times 10^4 \text{Pa} \qquad (6-14)$$

计算出实验中所使用的单轴应力,其中 $E = (68 \sim 70) \times 10^9 \text{Pa}$ 是多晶铝的刚度。这一结果与 4.5 节的计算结果 $[\sigma_{11}] = 640 \times 10^4 \text{Pa}$ 一致。

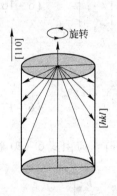

图 6 - 3 [hkl] 键所躺的
积分平行平面围绕 [110]
键从 0 到 π 旋转 180°

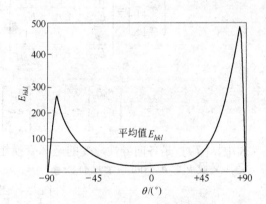

图 6 - 4 E_{hkl} 和 θ 的关系曲线

6.3 各向异性情况下的应变的计算

6.3.1 各向同性材料和各向异性材料中胡克定律之间的差别

和各向同性材料中胡克定律类似,对于基轴系,各向异性晶体中的胡克定律可表示为:

$$\begin{bmatrix} e_{11} \\ e_{22} \\ e_{33} \end{bmatrix} = \begin{bmatrix} \dfrac{1}{E_{11}} & \dfrac{\nu}{E_{11}} & \dfrac{\nu}{E_{11}} \\ \dfrac{\nu}{E_{11}} & \dfrac{1}{E_{11}} & \dfrac{\nu}{E_{11}} \\ \dfrac{\nu}{E_{11}} & \dfrac{\nu}{E_{11}} & \dfrac{1}{E_{11}} \end{bmatrix} \cdot \begin{bmatrix} \sigma_{11} \\ \sigma_{22} \\ \sigma_{33} \end{bmatrix} \qquad (6-15)$$

式中，$1/E_{11}$ 是基轴向刚度；ν 是泊松比（由于立方晶系具有 $\pi/2$ 转动对称性的原因，ν 只有一个），如下文所示，待定。设在 $[hkl]$ 方向正应变分别为 $e_{hkl} = e_{ii}$，$e_{\perp 1} = e_{jj}$ 和 $e_{\perp 2} = e_{kk}$，则相应有胡克定律：

$$\begin{bmatrix} \sigma_{hkl} \\ \sigma_{\perp 1} \\ \sigma_{\perp 2} \end{bmatrix} = \begin{bmatrix} \dfrac{1}{E_{hkl}} & \dfrac{\nu'}{E_{hkl}} & \dfrac{\nu''}{E_{hkl}} \\ \dfrac{\nu'}{E_{hkl}} & \dfrac{1}{E_{hkl}} & \dfrac{\nu''}{E_{hkl}} \\ \dfrac{\nu'}{E_{hkl}} & \dfrac{\nu''}{E_{hkl}} & \dfrac{1}{E_{hkl}} \end{bmatrix}^{-1} \begin{bmatrix} e_{hkl} \\ e_{\perp 1} \\ e_{\perp 2} \end{bmatrix} \qquad (6-16)$$

设

$$\begin{bmatrix} e_{hkl} \\ e_{\perp 1} \\ e_{\perp 2} \end{bmatrix} = \begin{bmatrix} T_2 \end{bmatrix} \begin{bmatrix} e_{11} \\ e_{22} \\ e_{33} \end{bmatrix} \qquad (6-17)$$

式中，$[T_2]$ 是各向异性应变的坐标变换矩阵，应由式 6-20 确定，又设 ν'，ν'' 不同。于是有：

$$\begin{bmatrix} \sigma_{hkl} \\ \sigma_{\perp 1} \\ \sigma_{\perp 2} \end{bmatrix} = \begin{bmatrix} T_1 \end{bmatrix} \begin{bmatrix} \sigma_{11} \\ \sigma_{22} \\ \sigma_{33} \end{bmatrix} = \begin{bmatrix} T_1 \end{bmatrix} \begin{bmatrix} \dfrac{1}{E_{11}} & \dfrac{\nu}{E_{11}} & \dfrac{\nu}{E_{11}} \\ \dfrac{\nu}{E_{11}} & \dfrac{1}{E_{11}} & \dfrac{\nu}{E_{11}} \\ \dfrac{\nu}{E_{11}} & \dfrac{\nu}{E_{11}} & \dfrac{1}{E_{11}} \end{bmatrix}^{-1} \begin{bmatrix} e_{11} \\ e_{22} \\ e_{33} \end{bmatrix}$$

$$= \begin{bmatrix} T_1 \end{bmatrix} \begin{bmatrix} \dfrac{1}{E_{11}} & \dfrac{\nu}{E_{11}} & \dfrac{\nu}{E_{11}} \\ \dfrac{\nu}{E_{11}} & \dfrac{1}{E_{11}} & \dfrac{\nu}{E_{11}} \\ \dfrac{\nu}{E_{11}} & \dfrac{\nu}{E_{11}} & \dfrac{1}{E_{11}} \end{bmatrix}^{-1} \begin{bmatrix} T_2 \end{bmatrix}^{-1} \begin{bmatrix} e_{hkl} \\ e_{\perp 1} \\ e_{\perp 2} \end{bmatrix} \qquad (6-18)$$

由式 6 – 16 和式 6 – 18 可得:

$$
\begin{bmatrix}
\dfrac{1}{E_{hkl}} & \dfrac{\nu'}{E_{hkl}} & \dfrac{\nu''}{E_{hkl}} \\[2mm]
\dfrac{\nu'}{E_{hkl}} & \dfrac{1}{E_{hkl}} & \dfrac{\nu''}{E_{hkl}} \\[2mm]
\dfrac{\nu'}{E_{hkl}} & \dfrac{\nu''}{E_{hkl}} & \dfrac{1}{E_{hkl}}
\end{bmatrix}^{-1}
= [T_1]
\begin{bmatrix}
\dfrac{1}{E_{11}} & \dfrac{\nu}{E_{11}} & \dfrac{\nu}{E_{11}} \\[2mm]
\dfrac{\nu}{E_{11}} & \dfrac{1}{E_{11}} & \dfrac{\nu}{E_{11}} \\[2mm]
\dfrac{\nu}{E_{11}} & \dfrac{\nu}{E_{11}} & \dfrac{1}{E_{11}}
\end{bmatrix}^{-1}
[T_2]^{-1}
$$

故:

$$
[T_2]
\begin{bmatrix}
\dfrac{1}{E_{hkl}} & \dfrac{\nu'}{E_{hkl}} & \dfrac{\nu''}{E_{hkl}} \\[2mm]
\dfrac{\nu'}{E_{hkl}} & \dfrac{1}{E_{hkl}} & \dfrac{\nu''}{E_{hkl}} \\[2mm]
\dfrac{\nu'}{E_{hkl}} & \dfrac{\nu''}{E_{hkl}} & \dfrac{1}{E_{hkl}}
\end{bmatrix}^{-1}
= [T_1]
\begin{bmatrix}
\dfrac{1}{E_{11}} & \dfrac{\nu}{E_{11}} & \dfrac{\nu}{E_{11}} \\[2mm]
\dfrac{\nu}{E_{11}} & \dfrac{1}{E_{11}} & \dfrac{\nu}{E_{11}} \\[2mm]
\dfrac{\nu}{E_{11}} & \dfrac{\nu}{E_{11}} & \dfrac{1}{E_{11}}
\end{bmatrix}^{-1} \qquad (6-19)
$$

上述等式仅当

$$
[T_2] = \frac{E_{hkl}}{E_{11}} \times [T_1] \qquad (6-20)
$$

和 $\nu' = \nu'' = \nu$ 时成立。我们称 E_{hkl}/E_{11} 为应力变换 $[T_1]$ 和应变变换 $[T_2]$ 之间各向异性应变因子。于是 $[hkl]$ 向的各向异性应变胡克定律应从式 6 – 16 变为式 6 – 21:

$$
\begin{bmatrix}
e_{hkl} \\
e_{\perp 1} \\
e_{\perp 2}
\end{bmatrix}
=
\begin{bmatrix}
\dfrac{1}{E_{hkl}} & \dfrac{\nu}{E_{hkl}} & \dfrac{\nu}{E_{hkl}} \\[2mm]
\dfrac{\nu}{E_{hkl}} & \dfrac{1}{E_{hkl}} & \dfrac{\nu}{E_{hkl}} \\[2mm]
\dfrac{\nu}{E_{hkl}} & \dfrac{\nu}{E_{hkl}} & \dfrac{1}{E_{hkl}}
\end{bmatrix}
\begin{bmatrix}
\sigma_{hkl} \\
\sigma_{\perp 1} \\
\sigma_{\perp 2}
\end{bmatrix}
$$

$$
= \frac{1}{23.3[\sigma_{11}]}
\begin{bmatrix}
\dfrac{1}{E_{hkl}^{0}} & \dfrac{\nu}{E_{hkl}^{0}} & \dfrac{\nu}{E_{hkl}^{0}} \\[2mm]
\dfrac{\nu}{E_{hkl}^{0}} & \dfrac{1}{E_{hkl}^{0}} & \dfrac{\nu}{E_{hkl}^{0}} \\[2mm]
\dfrac{\nu}{E_{hkl}^{0}} & \dfrac{\nu}{E_{hkl}^{0}} & \dfrac{1}{E_{hkl}^{0}}
\end{bmatrix}
\cdot
\begin{bmatrix}
\sigma_{hkl} \\
\sigma_{\perp 1} \\
\sigma_{\perp 2}
\end{bmatrix} \qquad (6-21)
$$

式中，

$$E_{hkl} = 23.3 \times \left(\cos^2\theta - \frac{E_{/\!/}}{E_\perp}\theta\tan\mid\theta\mid\sin^2\theta \right)^{-1} [\sigma_{11}] = 15471E_{hkl}^0$$

$$E_{hkl}^0 = \left(\cos^2\theta - \frac{E_{/\!/}}{E_\perp}\theta\tan\mid\theta\mid\sin^2\theta \right)^{-1} \quad [\sigma_{11}] = 664 \times 10^4\,\mathrm{Pa}$$

6.3.2 各向同性材料和各向异性材料中胡克定律之间的关系

对于不同 [hkl] 方向，有许多如方程 6-21 一样的方程，将这些方程全部求和叠加后便得到：

$$\frac{1}{4\pi^3}\begin{bmatrix} \bar{e}_{hkl} \\ \bar{e}_{\perp 1} \\ \bar{e}_{\perp 2} \end{bmatrix} = \frac{1}{4\pi^3}\begin{bmatrix} \dfrac{1}{\overline{E}_{hkl}} & \dfrac{\bar{\nu}}{\overline{E}_{hkl}} & \dfrac{\bar{\nu}}{\overline{E}_{hkl}} \\[2mm] \dfrac{\bar{\nu}}{\overline{E}_{hkl}} & \dfrac{1}{\overline{E}_{hkl}} & \dfrac{\bar{\nu}}{\overline{E}_{hkl}} \\[2mm] \dfrac{\bar{\nu}}{\overline{E}_{hkl}} & \dfrac{\bar{\nu}}{\overline{E}_{hkl}} & \dfrac{1}{\overline{E}_{hkl}} \end{bmatrix} \cdot \begin{bmatrix} \sigma_{hkl} \\ \sigma_{\perp 1} \\ \sigma_{\perp 2} \end{bmatrix}$$

$$= \begin{bmatrix} \dfrac{1}{E} & \dfrac{\nu}{E} & \dfrac{\nu}{E} \\[2mm] \dfrac{\nu}{E} & \dfrac{1}{E} & \dfrac{\nu}{E} \\[2mm] \dfrac{\nu}{E} & \dfrac{\nu}{E} & \dfrac{1}{E} \end{bmatrix} \begin{bmatrix} \sigma_{hkl} \\ \sigma_{\perp 1} \\ \sigma_{\perp 2} \end{bmatrix} = \begin{bmatrix} e_{hkl} \\ e_{\perp 1} \\ e_{\perp 2} \end{bmatrix} \tag{6-22}$$

式中，$E = \overline{E}_{hkl} \times 4\pi^3$，$\overline{E}_{hkl}$ 是对 [hkl] 向而言的平均刚度；$\bar{\nu}$ 是平均泊松比。于是 $e_{hkl} = \bar{e}_{hkl}/4\pi^3$ 及 $\bar{e}_{hkl}$ 是 [hkl] 所躺的某一平面的平均应变（图 6-4）。此外，$\dfrac{1}{4\pi^3}\left[\dfrac{\bar{\nu}}{\overline{E}_{hkl}}\right] = \dfrac{1}{4\pi^3}\dfrac{\bar{\nu}}{\overline{E}_{hkl}} = \dfrac{\bar{\nu}}{E} = \dfrac{\nu}{E} = \dfrac{-0.32}{E}$，即 $\bar{\nu} = \nu = -0.32$。这样我们得到均匀材料的胡克定律（式 6-22）。于是对多晶铝的整体刚度 $E = 70 \times 10^9\,\mathrm{Pa}$ 及 $\nu = \bar{\nu} = -0.32$。可以看出，计算的结果分别是：

$$e_{hkl} = \frac{1}{4\pi^3}\bar{e}_{hkl} = \frac{\bar{e}_{hkl}}{124} \ll \bar{e}_{hkl} = \frac{[\sigma_{11}]}{\overline{E}_{hkl}} = \frac{[\sigma_{11}]}{85 \times [\sigma_{11}]} = \frac{1}{85} = 1.17 \times 10^{-2}$$

$$E = 4\pi^3 \overline{E}_{hkl} = 4\pi^3 \times [\sigma_{11}] \times 85 = 70 \times 10^9 \text{Pa}$$

式中，$[hkl]$ 向应力 $[\sigma_{hkl}] = 664 \times 10^4 \text{Pa}$，各向同性材料中的正应变 $e_{hkl} = [\sigma_{11}]/E = 1/4\pi^3 \times 85 = 9.48 \times 10^{-5}$。这比单晶各向异性材料中的正应变小得多，两者相差 $4\pi^3 = 124$ 倍。为了检验有关数据，我们利用式 $\sigma_{hkl} = e_{hkl}E_{hkl}$ 计算来看，在不同晶粒中对不同晶面的 σ_{hkl}，它们是否相互一致。表6-3列出计算的结果。

表6-3 在不同晶粒中的不同晶面对 σ_{hkl} 的计算结果

晶面 (hkl)	111	002	220	311	112	123
应变 e_{hkl}	0.0286（实验值）	0.0242（实验值）	0.0113（实验值）	0.007（实验值）	0.0216（计算值）	0.0143（计算值）
刚度 E_{hkl}[①]	35.0	41.3	88.5	143	46.2（计算值）	70（计算值）
$[\sigma_{11}]$/Pa（理论的）	664×10^4	664×10^4	664×10^4	664×10^4	664×10^4	664×10^4
σ_{hkl}/Pa	664.7×10^4	663.6×10^4	664×10^4	664.7×10^4	662×10^4	664.6×10^4

① 取 $[\sigma_{11}]$ 为刚度的单位。

由表6-3可以看出，所有计算的 σ_{hkl} 都是一致的。因为它们都是圆环在 $0°$ 方向的不同晶粒中的周向应力。晶粒的取向不同，但所考虑的晶面都与周向应力——单轴应力相垂直。

6.4 面心立方单晶各向异性晶体正应变的坐标变换

由6.3节可看出，在多晶铝这样的各向同性材料中的各向同性刚度 E 比各向异性刚度 $\overline{E}_{hkl} = 85[\sigma_{11}]$ 大 $4\pi^3 = 124$ 倍。无疑，单晶中的正应变，在同样应力条件下比多晶中各向同性正应变大得多。因此，本节的讨论仅适用于各向异性单晶材料。

下面是从相互垂直的正应变 e_{220}，$e_{2\bar{2}0}e_{002}$ 变换到 $e_{hkl} = e_{111}$，$e_{\perp 1} = e_{\bar{2}11}$ 及 $e_{\perp 2} = e_{01\bar{1}}$ 的一个例子。现在设有一个单轴应力 $\sigma_{220} = [\sigma_{11}]$，相应正应变为 $[e_{220}, e_{2\bar{2}0}, e_{002}]^T$：

$$\begin{bmatrix} e_{220} \\ e_{2\bar{2}0} \\ e_{002} \end{bmatrix} = \begin{bmatrix} \dfrac{1}{E_{220}} & \dfrac{\nu}{E_{220}} & \dfrac{\nu}{E_{220}} \\ \dfrac{\nu}{E_{220}} & \dfrac{1}{E_{220}} & \dfrac{\nu}{E_{220}} \\ \dfrac{\nu}{E_{220}} & \dfrac{\nu}{E_{220}} & \dfrac{1}{E_{220}} \end{bmatrix} \begin{bmatrix} \sigma_{220} \\ \sigma_{2\bar{2}0} \\ \sigma_{002} \end{bmatrix}$$

$$= \begin{bmatrix} \dfrac{1}{E_{220}} & \dfrac{\nu}{E_{220}} & \dfrac{\nu}{E_{220}} \\ \dfrac{\nu}{E_{220}} & \dfrac{1}{E_{220}} & \dfrac{\nu}{E_{220}} \\ \dfrac{\nu}{E_{220}} & \dfrac{\nu}{E_{220}} & \dfrac{1}{E_{220}} \end{bmatrix} \begin{bmatrix} \sigma_{11} \\ 0 \\ 0 \end{bmatrix} = \begin{bmatrix} 0.0113 \\ -0.0038 \\ -0.0038 \end{bmatrix} \quad (6-23)$$

于是 $e_{220} = 1/E_{220} = 1/88.5 = 0.0113$ 以及 $e_{2\bar{2}0} = e_{002} = \nu/E_{220} = -1/3E_{220} = -0.0038$，$E_{220}$ 的单位是 $[\sigma_{11}]$。按应变变换式 6-20，可得：

$$\begin{bmatrix} e_{111} \\ e_{\bar{2}11} \\ e_{01\bar{1}} \end{bmatrix} = [T_2]\begin{bmatrix} e_{220} \\ e_{2\bar{2}0} \\ e_{001} \end{bmatrix} = \frac{E_{220}}{E_{111}}[T_1]\begin{bmatrix} e_{220} \\ e_{2\bar{2}0} \\ e_{002} \end{bmatrix}$$

$$= \frac{E_{220}}{E_{111}}\begin{bmatrix} \dfrac{1}{\sqrt{2}}\dfrac{1}{\sqrt{3}} & \dfrac{1}{\sqrt{2}}\dfrac{1}{\sqrt{3}} & 0\ \dfrac{1}{\sqrt{3}} \\ \dfrac{1}{\sqrt{2}}\dfrac{-2}{\sqrt{6}} & \dfrac{-1}{\sqrt{2}}\dfrac{1}{\sqrt{6}} & 0\ \dfrac{1}{\sqrt{6}} \\ 0 & 0\ \dfrac{1}{\sqrt{2}} & \dfrac{-1}{\sqrt{2}} \end{bmatrix}\begin{bmatrix} e_{220} \\ e_{2\bar{2}0} \\ e_{002} \end{bmatrix}$$

$$= \frac{88.5}{35}\begin{bmatrix} \dfrac{1}{\sqrt{6}} & \dfrac{1}{\sqrt{6}} & 0 \\ \dfrac{-1}{\sqrt{3}} & \dfrac{-1}{\sqrt{12}} & 0 \\ 0 & 0 & \dfrac{-1}{\sqrt{2}} \end{bmatrix}\begin{bmatrix} 0.0113 \\ -0.0038 \\ -0.0038 \end{bmatrix}$$

$$= \frac{88.5}{35}\begin{bmatrix} 0.0306 \\ -0.00542 \\ 0.00268 \end{bmatrix} = \begin{bmatrix} 0.077 \\ -0.0137 \\ 0.0068 \end{bmatrix} \quad (6-24)$$

式中，$[T_1]$ 是从 $[220, 2\bar{2}0, 002]$ 变换到 $[111, \bar{2}11, 01\bar{1}]$ 方向的应力坐标变换矩阵。于是对同一单晶的晶粒来说，当 $\sigma_{220} = [\sigma_{11}]$ 时，e_{111}，$e_{\bar{2}11}$ 及 $e_{01\bar{1}}$ 分别为 0.077，－0.0137 及 0.0068。从式 6-23 可以看出，在确定 E_{hkl} 时，在单轴应力条件下即只有 σ_{hkl} 且又 $\sigma_{\perp 1} = \sigma_{\perp 2} = 0$ 时来做实验是十分重要的。

正应力 $\sigma_{hkl} = \sigma_{ii}$，$\sigma_{\perp 1} = \sigma_{jj}$ 及 $\sigma_{\perp 2} = \sigma_{kk}$ 按照 $\sigma_{ij} = \sum\limits_{lm} T_{il} T_{jm} \sigma_{lm}$，其中 $l = m = 1, 2, 3$，可从 σ_{11}，σ_{22}，σ_{33} 变换得到：

$$\begin{bmatrix} \sigma_{hkl} \\ \sigma_{\perp 1} \\ \sigma_{\perp 2} \end{bmatrix} = \begin{bmatrix} T_{i1}T_{i1} & T_{i2}T_{i2} & T_{i3}T_{i3} \\ T_{j1}T_{j1} & T_{j2}T_{j2} & T_{j3}T_{j3} \\ T_{k1}T_{k1} & T_{k2}T_{k2} & T_{k3}T_{k3} \end{bmatrix} \cdot \begin{bmatrix} \sigma_{11} \\ \sigma_{22} \\ \sigma_{33} \end{bmatrix} = [T_1] \begin{bmatrix} \sigma_{11} \\ \sigma_{22} \\ \sigma_{33} \end{bmatrix}$$

$$(6-25)$$

式中，$[T_1]$ 是应力的坐标变换矩阵，与晶体中是否是各向异性正应变无关。

如果我们知道基轴系应力，我们便能按下式计算出铝单晶中任何方向的应变。

$$\begin{bmatrix} e_{hkl} \\ e_{\perp 1} \\ e_{\perp 2} \end{bmatrix} = \begin{bmatrix} \dfrac{1}{E_{hkl}} & \dfrac{\nu}{E_{hkl}} & \dfrac{\nu}{E_{hkl}} \\ \dfrac{\nu}{E_{hkl}} & \dfrac{1}{E_{hkl}} & \dfrac{\nu}{E_{hkl}} \\ \dfrac{\nu}{E_{hkl}} & \dfrac{\nu}{E_{hkl}} & \dfrac{1}{E_{hkl}} \end{bmatrix} \begin{bmatrix} T_{i1}T_{i1} & T_{i2}T_{i2} & T_{i3}T_{i3} \\ T_{j1}T_{j1} & T_{j2}T_{j2} & T_{j3}T_{j3} \\ T_{k1}T_{k1} & T_{k2}T_{k2} & T_{k3}T_{k3} \end{bmatrix} \begin{bmatrix} \sigma_{11} \\ \sigma_{22} \\ \sigma_{33} \end{bmatrix}$$

$$= \frac{1}{E_{hkl}} \begin{bmatrix} 1 & \nu & \nu \\ \nu & 1 & \nu \\ \nu & \nu & 1 \end{bmatrix} \begin{bmatrix} T_{i1}^2 \sigma_{11} & +T_{i2}^2 \sigma_{22} & +T_{i3}^2 \sigma_{33} \\ T_{j1}^2 \sigma_{11} & +T_{j2}^2 \sigma_{22} & +T_{j3}^2 \sigma_{33} \\ T_{k1}^2 \sigma_{11} & +T_{k2}^2 \sigma_{22} & +T_{k3}^2 \sigma_{33} \end{bmatrix}$$

$$= \frac{1}{15471 E_{hkl}^0} \begin{bmatrix} 1 & \nu & \nu \\ \nu & 1 & \nu \\ \nu & \nu & 1 \end{bmatrix} \begin{bmatrix} T_{i1}^2 \sigma_{11} & +T_{i2}^2 \sigma_{22} & +T_{i3}^2 \sigma_{33} \\ T_{j1}^2 \sigma_{11} & +T_{j2}^2 \sigma_{22} & +T_{j3}^2 \sigma_{33} \\ T_{k1}^2 \sigma_{11} & +T_{k2}^2 \sigma_{22} & +T_{k3}^2 \sigma_{33} \end{bmatrix}$$

$$(6-26)$$

知道，铝单晶中任何方向的应变。式中 $E_{hkl}^{0} = (\cos^2\theta - \dfrac{E_{/\!/}}{E_\perp}\theta \times$

$\tan|\theta|\sin^2\theta)^{-1}$；$E_{hkl} = 23.3 \times 664 E_{hkl}^{0} = 15471 E_{hkl}^{0}$，$E_{hkl}$ 取自式 6－12 或图 6－3。例如：

$$e_{hkl} = (T_{i1}^2\sigma_{11} + T_{i2}^2\sigma_{22} + T_{i3}^2\sigma_{33}) + \nu(T_{j1}^2\sigma_{11} + T_{j2}^2\sigma_{22} + T_{j3}^2\sigma_{33}) +$$
$$\nu(T_{k1}^2\sigma_{11} + T_{k2}^2\sigma_{22} + T_{k3}^2\sigma_{33})/E_{hkl}$$

如果只存在单轴应力 $\sigma_{11} = \sigma$，那么：

$$\left.\begin{array}{l} e_{hkl} = (T_{i1}^2 + \nu T_{j1}^2 + \nu T_{k1}^2)\sigma/E_{hkl} \\ e_{\perp 1} = (\nu T_{i1}^2 + T_{j1}^2 + \nu T_{k1}^2)\sigma/E_{hkl} \\ e_{\perp 2} = (\nu T_{i1}^2 + \nu T_{j1}^2 + T_{k1}^2)\sigma/E_{hkl} \end{array}\right\} \qquad (6-27)$$

重要的是必须指出，式 6－15 ~ 式 6－27 只适合于铝单晶，不适用于铝多晶。因为 MEMS 元件通常由单晶制成，因此上述各式可应用于 MEMS 元件中的应变计算。

7 ║ 弹性圆环力传感器的制造与实际应用

7.1 拉、压力传感器及其电路系统

7.1.1 引言

电阻应变式力传感器自诞生以来已有 60 年历史了，在力、载荷、扭矩、力矩及位移测量中它仍占据着不可代替的重要位置。经过恰当热处理的弹性体有良好的稳定性、小蠕变和弹性后效，以及很好的抗疲劳性能。与硅压阻式传感器相比较，其热漂移小、温度特性好。其中金属电阻箔式应变计是当前各种高精度传感器中最常用的且使用温度最高的敏感元件。金属电阻应变式传感器与半导体压阻式传感器通常都采用惠斯顿电桥结构，如图 7 – 1 所示。电桥相对两臂电阻与另一对电阻受力时阻值改变的方向相反。当有外加电压 V 时，输出的电压 U 为：

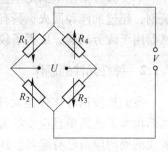

图 7 – 1 惠斯顿电桥

$$U = \frac{S_0 + \Delta S}{K} V = U_0 + U_{\text{sig}} \qquad (7-1)$$

式中，$K = (R_1 + R_2)(R_3 + R_4)$；$S_0 = R_1 R_3 - R_2 R_4$；$\Delta S = (R_1 R_3 + R_2 R_4)(2\Delta R_i / R_i)$。

对于压阻式：

$$\Delta R_i / R_i = \pi \sigma = Ge \qquad (7-2)$$

对于应变式：

$$\Delta R_i / R_i = (K_1 - \nu K_t) e_1 = K e_1 \qquad (7-3)$$

式中，π 为压阻系数；σ 为应力；K_1、K_t 及 K 分别为纵向、横

向、综合灵敏系数；G 为量计因子；ν 是泊松比。

金属应变式与硅压阻式传感器相比较；前者的灵敏系数 K 约为 2～4；而后者的 G 可达 20～150。也就是说，两者相差 10～100 倍。在几伏的外加激励电压下，前者的满量程输出在几毫伏，而后者可达 20～150mV。另外，前者的桥臂电阻一般为几十至 150Ω，后者为 1～5kΩ。在 10V 外加电压下，前者的桥电流可达 100mA，而后者仅为几毫安以下。而且前者输出电流随负载（测量电路）变化大，不利于测准。由于这些特点，对电路设计提出了如下要求：

（1）供给功率大；

（2）放大倍数大，正比特性要好；

（3）差模信号小，共模信号大，共模抑制比要大。

本实验方案基本满足上述要求。对于弹性体，选用 65 号弹簧钢，经过油淬和回火，具有良好的弹性。将制成的钢环式力传感器用于疲劳试验，取得了较好的效果。

7.1.2 弹性元件的制作

我们选择钢环作弹性元件（图 7-2），用于拉、压力测量。其结构和工艺简单且应变量大，有利于提高灵敏度。钢环的内外表面的周向应力已有经典公式表达：

$$M(\theta) = FR_a\left(\frac{\cos\theta}{2} - \frac{1}{\pi}\right) \qquad (7-4)$$

$$\sigma_{\theta\theta}(\theta) = \pm\frac{3}{2} \cdot \frac{M}{\delta^2 W} = \pm\frac{3}{2} \cdot \frac{FR_a}{\delta^2 W}\left(\frac{\cos\theta}{2} - \frac{1}{\pi}\right) \qquad (7-5)$$

式中，R_a 为圆环的中半径；θ 角如图 7-2 所示；δ 为环厚的 1/2；W 为圆环的宽度；M 为弯矩。从弹性力学平面应变场出发还有本书所推出的核心公式（见式 4-73～式 4-75）：

$$\sigma_{\theta\theta}(\alpha,\theta) = -(F/2Br_o)[g(\alpha)(\cos\theta - 2/\pi) + 2B/(1-\alpha_i)\pi]$$

$$(7-6)$$

$$\sigma_{rr}(\alpha,\theta) = -(F/2Br_o)[h(\alpha)(\cos\theta - 2/\pi)] \qquad (7-7)$$

$$\sigma_{r\theta}(\alpha,\theta) = -(F/2Br_o)h(\alpha)\sin\theta \qquad (7-8)$$

式中：

$$g(\alpha) = [-1/\alpha + \xi(3\alpha - \alpha_i^2/\alpha^3)]$$

$$h(\alpha) = [-1/\alpha + \xi(\alpha + \alpha_i^2/\alpha^3)]$$

$$B = \int_{\alpha_i}^{1} g(\alpha)\,d\alpha = \int_{\alpha_i}^{1} h(\alpha)\,d\alpha = \ln\alpha_i + \xi(1 - \alpha_i^2)$$

式中，$\xi = r_o^2/(r_o^2 + r_i^2)$；$r_o$ 和 r_i 为外、内半径。$\alpha = r/r_o$，$\alpha_i = r_i/r_o$。

作近似计算时，可取 $\theta_0 = 50.4°$（圆环受力时随载荷增加，内半径上的无应变点 θ_0 由 $50.4°$ 逐渐增加，并非固定不变；外径则向反）。表 7 - 1 为对式 7 - 5 和式 7 - 6 进行对比计算圆环内（$t = -\delta$）和圆环外（$t = \delta$）表面周向应力 $\sigma_{\theta\theta}$（MPa）的结果，取 $R_a = 23\text{mm}$，δ 分别为 1mm 和 0.4mm，设 F 为 10N，θ 为 $0°$，W 取 18mm。

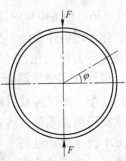

图 7 - 2 钢环上的载荷 F

表 7 - 1 圆环内（$t = -\delta$）和圆环外（$t = \delta$）表面周向应力 $\sigma_{\theta\theta}$

（MPa）

项 目	$\delta = 0.4\text{mm}$		$\delta = 1\text{mm}$	
	$\sigma_{外}$	$\sigma_{内}$	$\sigma_{外}$	$\sigma_{内}$
式 7 - 5 计算值	21	-21	3.3	-3.3
式 7 - 6 计算值	21	-21	4.3	-4.4
实际测量值	25		4.1	

周向应力的实际测量是利用贴于圆环内、外表面（$\theta = 0°$）应变片组成的惠斯顿电桥的输出电压，并依据下式计算的：

$$\sigma_{\theta\theta}(\theta) = eE = \frac{\Delta R/R}{K}E = \frac{U - U_0}{V} \cdot \frac{E}{K} \qquad (7-9)$$

式中，U 是折合成 $F = 10\text{N}$ 下的输出信号；U_0 是 $F = 0$ 时的零点输出；K 为所用应变片的灵敏系数，$K = 2.1$；V 是电桥外加电压，$V=6V$；E 为钢的杨氏模量，$E=2.1\times10^5MPa$。

由表 7-1 可以看出，公式 7-6 的计算值与公式 7-5 一致。两者与实值之差均在误差范围之内。实际测量误差主要来自几何尺寸不一致和应变片位置、方向误差及粘贴工艺水平。我们用 65 号弹簧钢制成 $\phi46mm$（外径）钢环，宽为 18mm、厚度分别为 2mm 和 0.8mm（即 $\delta=1mm$ 和 0.4mm），加工表面光洁度 Ra 约为 1.6，经 840℃ 油淬，然后经 300~400℃ 回火，RC 硬度达 42。热处理后弹性体不出现明显变形、歪扭和裂纹，再用细砂布打磨光亮去掉氧化皮。据报道，热处理后屈服极限几乎提高一倍，弹性（用弹性储能 $\varepsilon=\sigma_{0.2}^2/E$ 表示）几乎提高 4 倍，而且弹性后效小，多次加载后残余应变小，输出信号零点一致性好。用化学洗涤剂去除弹性体表面油污，再用丙酮清洗、酒精脱水。用稀 101 胶（流动性好、粘接层薄、干得快、黏结力强、应变跟随性好）将箔式应变片贴在钢环的内外侧（$\theta=0°$），加压挤紧，粘贴牢固。用 6V 电压激励电桥，得到输出电压与载荷之间的关系。对于 $\phi46mm$，$W=18mm$，厚度分别为 2mm 和 0.8mm（即 $\delta=1mm$ 和 0.4mm）的力敏元件，其输出信号灵敏度分别为 $3.9\times10^{-3}mV/(V\cdot N)$ 和 $2.5\times10^{-2}mV/(V\cdot N)$，许用应力为 $0.8\times$ 弯曲变形疲劳强度（300MPa）时的最大拉、压载荷 F 分别为 500N 和 80N。力敏传感器的输出特性指标主要取决于所使用的应变计的性能（表 7-2），但迟滞、重复性，非线性误差主要取决于弹性元件本身。

表 7-2 所使用的应变计指标

电阻值 /Ω	灵敏系数	工作温度 /℃	疲劳寿命 /h	机械滞后 /μm·m⁻¹	应变极限 /μm·m⁻¹	热灵敏系数 /%·℃⁻¹
120±0.2%	2.1±1%	-40~80	>106	5×10^{-6}	10^{-1}	±2

由于圆环的内外径不一样，使平面应变栅的弯曲半径不一致，而且内外方向相反产生附加电阻差别，因而传感器的零点输出远比应变计电阻误差范围所估计的零点输出大。表 7-3 示出

所测定的力传感器的特性指标。

表7-3　经测定的力传感器（$\delta = 0.4$mm）指标

零点输出 /mV	热零点漂移系数 % FS/℃	灵敏度 /mV·(V·N)$^{-1}$	迟滞 % FS	线性度 % FS	重复性 % FS
4.0（未调整）	0.36	2.6×10^{-2}	0.16	0.08	1.1

注：$V = 6$V，$F_{max} = 60$N。

据资料可知，热加工终止温度为820℃、正火状态下65号钢的 $\sigma_{0.2} = 425$MPa，而经过830℃油淬、380℃回火后 $\sigma_{0.2} \geq 800$MPa，可见，钢材经热处理后屈服极限几乎提高一倍，弹性指标可用弹性储能 $\varepsilon = \sigma_{0.2}^2 / E$ 表示，也就是说，经过热处理后，零件弹性几乎提高4倍。表现为可承受更大的载荷，产生更大的应变。零件的非弹性行为一般又称为弹性后效，表现为卸载后出现微小的残余应变、多次加载卸载后各次残余应变又不一致。这表现为多次加载、卸载零点不一致，逐渐变化。这种非弹性应该越小越好。零件经过热处理后，不仅屈服极限有明显提高，而且弹性后效有明显改善。我们经过对热处理（$\delta = 0.8$mm）和未经热处理（$\delta = 2$mm）的 ϕ46 钢环做了对比试验。两者都用化学洗涤剂去掉弹性体表面油污，又用酒精清洗脱水。用稀101胶（流动性好、粘接层薄、干得快、黏结力强、应变跟随性好）将箔式应变片贴在钢环的内外侧，而且加压挤紧，粘贴牢固。用6V电压激励电桥，分别测得不同厚度、不同制备工艺的两种钢环力传感器的输出信号和载荷关系，如图7-3和图7-4所示。可以看出，经热处理后元件的弹性后效明显改善。主要表现为多次加载、卸载后零点输出电压变化小，一致性好，如表7-4所示。用经热处理的力传感器去测定力拉压循环变化，得到图7-5所示经数千次拉压循环前后连续的两个周期的拉压力变化曲线。可以看出两次测量间的曲线十分一致，说明此传感器有良好的重复测试稳定性，非弹性已降低到最低程度。

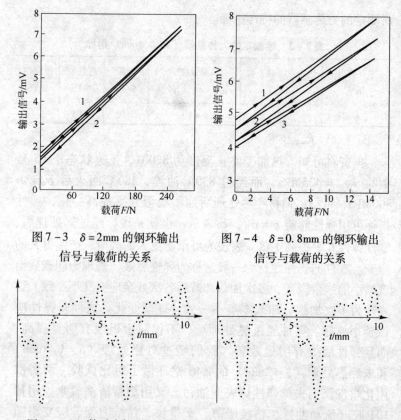

图 7 – 3 $\delta = 2\,\text{mm}$ 的钢环输出
信号与载荷的关系

图 7 – 4 $\delta = 0.8\,\text{mm}$ 的钢环输出
信号与载荷的关系

图 7 – 5   经数千次拉压循环前后连续两个循环中记录的载荷变化曲线

表 7 – 4   零点输出电压与加载行程及次数的关系   （mV）

次　数		1		2		3		变化范围 /%
行　程		正	逆	正	逆	正	逆	
条件	经热处理	4.7	4.5	4.4	4.1	4.1	4.0	17.5
	未热处理	1.55	1.49	1.08	1.14	未测		30

7.1.3   电路设计

由于应变计力传感器的灵敏度低，输出信号必须高增益放

大。本设计中采用图 7 - 6 所示的二级运放电路,可将传感器的
二端输入转变成单端输出,再与 A/D 转换器连接,将数字量输
送给 8031 单片机,经数据处理后由打印机定时打印出传感器所
测得的拉、压力随时间的变化曲线。

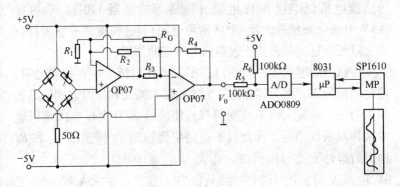

图 7 - 6 放大电路及系统

　　我们采用两块 OP07 集成运放电路,原因是它的正比特性
好,零点失调电压小,价格适中,市场供应充足。缺点是承受最
大共模电压低,但可以采取一定的措施加以克服。本电路的输出
电压 V_0 与输入电压的大小关系为:

$$V_0 = \frac{R_3}{R_4}\left[1 + \frac{1}{2}\left(\frac{R_2}{R_1} + \frac{R_3}{R_4}\right) + \frac{R_2 + R_3}{R_G}\right]V_d + \frac{R_4}{R_3}\left(\frac{R_3}{R_4} - \frac{R_2}{R_1}\right)V_{cm}$$

$$= K_d V_d + K_c V_{cm}$$

式中, V_d 为差模电压(传感器输出); V_{cm} 为共模电压(约等于
传感器输出对地电压)。为抑制共模电压的影响,要求 $R_3/R_4 =
R_2/R_1$,这样 R_1、R_2、R_3 及 R_4 都采用 82kΩ 金属膜电阻,误差
在 0.5% 之内。于是差模增益 $K_d = (2 + 164)/R_G$,R_G 可在 2 ~
10kΩ 范围内调节,相应的差模增益 K_d 为 84 ~ 18,可将满量程
输出 8mV(其中零点输出 4.0mV)放大至 140 ~ 650mV,满足
A/D 转换的要求。

　　如果将传感器电桥接地,因为激励电压为 6V,共模电压为

3V，则不能满足 OP07 集成放大器对共模电压的限制要求。如果在传感器电桥与正激励电压之间加电阻，虽然可使共模电压降低，但使桥电压降低，对本来就较低的灵敏度极为不利。若用自举电源来降低共模电压，则线路复杂、调试困难。因此，我们将传感器电桥低端接 50Ω 电阻（电桥等效电阻 120Ω）后再接 -5V 电源（集成放大器 OP07 需负电源）。这样使共模电压自身大大降低，这对共模抑止起到锦上添花的作用。

传感器的零点（$F = 0$ 时），不需要在电桥上串、并联电阻，使它调整为零。因为零点调整为零的话，则拉和压时分别输出正和负的信号，放大后不改变符号，使后续 A/D 变换电压难以适应这种双极性信号。因此，本电路中将输出 V_0 接至由 R_5 和 R_6 构成的极性变换分压网络。选 $R_5 = R_6 = 100\text{k}\Omega$。当 $V_0 = -5\text{V}$、0V 和 +5V 时，V_{in} 为 0V、2.5V 和 5V。这样，在 +5V 和 -5V 之内拉压双极性信号经极性变换网络后始终输出单极性信号给 A/D 变换器，经 80C31 单片机后用软件的方法自动确定力零点和拉、压正负值。打印机输出的正电压代表拉力，负电压代表压力（图 7-7）。

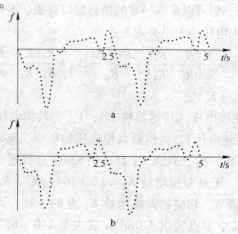

图 7-7 循环前后连续二次循环中载荷变化曲线

a—拉压循环前；b—拉压循环后

7.1.4 实际应用

我们将所研制的力传感器用于汽车开门拉手二限位器疲劳试验，测定每一循环中拉、压力的变化并定时打印记录。由于传感器的最大应力（载荷 $F=50N$ 时）为 18MPa，仅为 65 号钢热处理后弯曲变形疲劳强度 $\sigma_{-1}=302MPa$ 的 1/4，比例极限 $\sigma_p=394MPa$ 的 1/5。因此该传感器在有足够的放大倍数电路支撑下可用于拉压力为 50N 以下的疲劳试验。图 7-7 显示的两个循环记录的力的变化完全一致，说明传感器和电路有良好的稳定性。

7.2 计数器测力计打印记录系统软硬件设计

7.2.1 引言

针对具有反复多次作用力特征的产品如车门、门锁等需要进行疲劳试验以检验其可靠性及稳定性等问题，开发了计数式测力计打印记录系统，本系统可以记录电机驱动力传感器拉压周期力的循环次数，同时，可将一个周期内力的变化情况打印记录下来，从而可以分析产品抗疲劳性能的好坏，进而为新产品能否进入生产阶段提供依据。

图 7-8 是系统总框图。从图 7-8 可知，本系统可分为前向

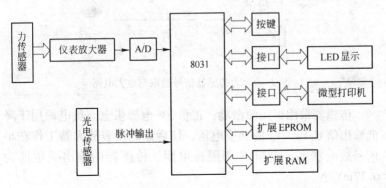

图 7-8 计数式测力计打印记录系统总框图

通道配置、人机对话通道配置和存储器扩展三部分。其中，前向
通道配置包括力传感器被测信号的拾取与放大和光电传感器脉冲
信号的拾取两部分；人机对话通道配置包括 LED 显示、按键和
打印三部分；存储器扩展包括 EPROM 扩展和 RAM 扩展两部分。
当系统工作时，光电传感器在每一个测力周期结束时输出一脉冲
信号至单片机，单片机完成周期计数器加一，同时在显示器上显
示出此时的周期数。当周期数每达到一定值（如每 1000 次）
时，启动 A/D 转换，对力传感器进行连续两个周期的采样并保
存于外扩 RAM 中，然后停止 A/D 转换，同时将保存的采样值进
行数值处理后以曲线的形式将所测力随时间的变化打印出来。下
面介绍各部分的硬件实现。

7.2.2 系统结构与硬件设计

7.2.2.1 力传感器信号的拾取、放大电路

图 7-9 是本部分的放大电路硬件连接图。

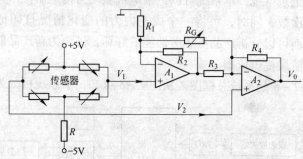

图 7-9 力传感器信号拾取与放大电路

传感器采用恒压源激励，正负 5V 电源供电。负电源用于降
低输出信号 V_1、V_2 的共模电压，使后面的仪表放大器工作在小
信号放大状态，电阻 R 为限流电阻。传感器的输出灵敏度为
0.17mV/N。

放大电路采用 A_1、A_2 两运放仪表放大器放大，利用 R_G 来

调整放大器的增益。$R_1 = R_2 = R_3 = R_4$ 可以抑制共模电压。此时放大电路的差模增益 $A = V_0/(V_1 - V_2) = 2(1 + R_1/R_G)$。$A_1$、$A_2$采用低失调低漂移运放 OP - 07，$R_1$、$R_2$、$R_3$、$R_4$ 都采用 82kΩ精密电阻。调整 R_G 可使放大器的量程输出达到伏特级。

7.2.2.2 光电传感器脉冲信号的拾取电路

图 7 - 10 是本部分光脉冲信号的拾取电路的硬件连接图。图7 - 10 中 D_1 是光敏二极管，其特性是当对其施加反向电压时，电流（成为光电流）随光照强度变化而变化。光照强度越强，反向电流越大。利用此特性，给 D_1 外加一光源，使 D_1 在有光源照射时开关 K_1 导通，输出低电平；没有光源照射开关 K_1截止，输出高电平。在测周期

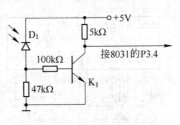

图 7 - 10 光脉冲输入电路

力时，每一周期内，D_1 有光源照射，K_1 输出低电平；每一周期结束，遮住光源，K_1 输出高电平。从而在每一个周期结束时，K_1 输出一正脉冲到 8031 的 P3.4（定时器 T0），通知单片机进行计数一次。

7.2.2.3 存储器扩展、A/D 转换、LED 显示和打印电路

A 存储器扩展及 A/D 转换电路

存储器扩展及 A/D 转换电路如图 7 - 11 所示。本系统的存储器扩展包括了 8K 的 RAM6264 和 8K 的 ROM2764。经过 A/D转换的力的采样值存储在外扩 RAM 中，用于数据处理及打印时调用。由于所测的力包括拉力和压力，使得放大器的输出模拟信号是双极性的，而 ADC0809 只能对单极性模拟量进行 A/D 转换，所以放大器的输出不能直接与 ADC0809 相连，两者间需加转换电路，由 R_5、R_6 构成的分压网络实现。选取 $R_5 = R_6 = 100$kΩ，当 $V_0 = -5$V 时，$V_{IN} = 0$V；当 $V_0 = 0$V 时，$V_{IN} = 2.5$V；

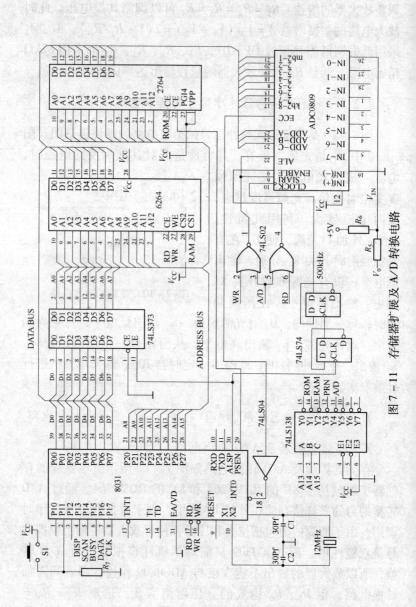

图 7-11 存储器扩展及 A/D 转换电路

当 $V_0 = 5V$ 时, $V_{IN} = 5V$。由此可见, V_0 的量程从 $V_{01} \sim V_{02}$ 变换成了 V_{IN} 的量程 $V_{IN1} \sim V_{IN2}$, 如图 7 - 12 所示, 实现双极性模拟信号到单极性模拟信号的转换, 在 ADC0809 进行 A/D 转换期间, EOC = 0, A/D 转换结束时 EOC 上升为高电平。EOC 经反向器向后加到 8031 的 ITN1

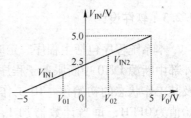

图 7 - 12 V_{IN} 和 V_0 关系

作为中断请求信号。ADC0809 的时钟由 8031 的 ALE 信号经两次 D 触发器的二分频后得到, 设 8031 的 $f_{OSC} = 12MHz$, 则 ADC0809 的 CLOCK 是 500kHz, 保证了 ADC0809 的正常工作。

B 打印及 LED 显示电路

打印及 LED 显示电路如图 7 - 13 所示。显示电路通过选择串行输入显示接口芯片 MC14499 实现。MC14499 是一种高集成度的串行输入、BCD 码——十进制译码驱动显示器专用芯片, 采用动态扫描方式直接驱动 4 个 LED 数码管。它集锁存、译码、驱动、扫描、时钟于一体, 需要的辅助电路简单, 只需外接一个电容即可, 接口电路仅需 3 根 I/O 接口线。MC14499 与单片机的数据传送采用串行同步方式, 占用单片机软件资源少, 不需再外加电路即可与单片机协调工作, 使用灵活方便。其芯片管脚图可参阅文献。打印机选择 TP - μP16A 微型智能打印机, 采用查询

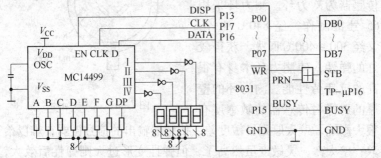

图 7 - 13 打印及显示电路

方式与单片机相连接。

7.2.3 软件设计

本系统程序包括主程序、定时/计数器 T0 中断服务子程序、外部中断源 INT0 中断服务子程序几部分。主程序完成系统自检及其工作状态的初始化。T0 工作在方式 2 计数方式，计数器初始值为 0FFH，每当计数器加 1，计数器就产生溢出标志，向 CPU 请求中断，同时，计数器自动装入初值，为下一次中断做好准备。在 CPU 响应 T0 的中断后，在中断服务程序完成对周期计数器的加 1 操作，并在数码管上将当前周期显示出来。ADC0809 与 CPU 间通过中断方式进行通讯。每当 ADC0809 转换结束时，向 CPU 的 INT0 发出中断，CPU 在中断响应程序中将 A/D 转换结果读出并保存，经过量程变换后以曲线形式打印出来。

7.2.4 力传感器的制作

传感器采用圆环式，如图 7 - 14 所示。

在图 7 - 14 所示位置粘贴 4 片应变片，组成惠斯顿电桥。应变片的电阻为 120Ω，灵敏度系数为 2.1。人们称此形状的传感器为测力环。测力环采用 65 号钢制作，经 840℃ 油淬，又经 300 ~ 400℃ 回火，获得较好的弹性，使测力环本身有很高的抗疲劳性能。测力环的壁厚的选择对传感器的敏感度有

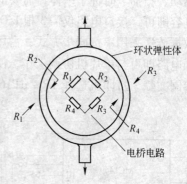

图 7 - 14　测力圆环

很大影响。壁太厚则灵敏度差，传感器输出的信号微弱，难以拾取；壁太薄，灵敏度虽然高了，但弹性变形过大则弹性后效大，本身抗疲劳性能差，造成传感器信号的不准确。因此测力环的壁

厚应根据被测压力或拉力的量程进行选择。表 7 – 5 示出实际测定的 ϕ46mm、宽 18mm 弹性钢环的壁厚与外加 6V 电压时电桥输出信号灵敏度之间的关系。

表 7 – 5 ϕ46mm、宽 18mm 钢环的壁厚与灵敏度关系

钢环壁厚/mm	2	0.8
6V 激励时桥输出信号灵敏度/mV · kgf^{-1}	0.23	1.7

注：1kgf = 9.8N。

7.2.5 夏利车开门力疲劳实验结果

将此系统应用于夏利车开关门受力分析，对其所受拉力和压力进行采样，以曲线的形式打印出来（图 7 – 15），每开关 10000 个周期后，记录两个周期内的力的变化并打印曲线，共进行四次，即 1、2 个周期，10001、10002 个周期，20001、20002 个周期和 30001、30002 个周期的受力曲线图。通过曲线图，不仅可以分析出车门开关过程中拉手受力情况，知道所受压力和拉力的最大值及其出现的位置，而且可以得出车门拉手的疲劳情况，可以知道车门拉手的性能指标。

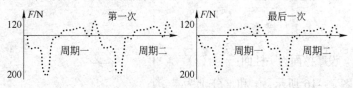

图 7 – 15 第一次和最后一次记录受力曲线

从实验结果可知，四次曲线图的形状基本一致，即车门拉手的抗疲劳性能高，有较好的稳定性和耐用性，因此可以投入实际生产。

7.3 靠弹簧压紧的滑动体牵引力与摩擦面形状关系研究

许多机械或机构依靠弹簧将零件或部件压紧在摩擦面上，在牵引力作用下使其在摩擦面上做相对滑动。例如电机的电刷

与转子间、内燃机中气门顶杆与凸轮间的相对滑动都属于这种情况。只不过牵引力表现为转子或曲柄的转矩以推动它们相对运动。转子上导电环与绝缘环差别表现为不同的摩擦系数以及表面上微小的高度差，凸轮形状的变化表现为弹簧受压缩不同导致气门顶杆对凸轮的挤压力不同以及挤压力与凸轮面法向角度的变化。这些都会导致牵引力或牵引扭矩的变化，相对转子驱动齿轮箱或其他从动部件或曲轴驱动活塞运动来说，这一变化是微不足道的。例如，各种车辆的刹车都是依靠弹簧抱紧摩擦片而引起制动作用的。当抱紧力不够时，车轮仍然可以运动，表现为车轮惯性力引起牵引作用。与前两种情况不同，这时它便起主要作用了。各种弹簧锁门关闭时门的推力也是门与弹簧舌间的相对运动的牵引力，它与锁舌的倾角及弹簧的刚性有关。这些都是属于本书所讨论的范畴。本书以汽车门二限位器为例，研究滑块在滑片上相对运动时牵引力与滑片摩擦面形状、摩擦系数间的关系，从理论得出一个计算公式，并从试验中得出验证。

7.3.1 牵引力公式

7.3.1.1 模型

设摩擦面为一柱面：$y = f(x)$，如图 7 - 16 所示，x 和 y 分别为横坐标和纵坐标。弹簧作用于滑块上的挤压力为 $P(x)$，沿 y 方向。曲面对滑块的压力（支反力）为 $F_n(x)$，沿曲面的法向。摩擦力 $f(x)$ 沿曲面的切向：$f(x) = nF_n(x)$，n 为摩擦系数。$F(x)$ 为作用于滑块上沿 x 方向的牵引力。当滑块滑

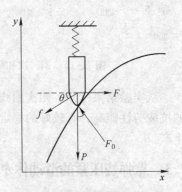

图 7 - 16 受弹簧的挤压的滑块与摩擦面上的牵引

动很慢时，可以写出 x 与 y 方向的力平衡：

x 方向： $\qquad F - f\cos\theta - F_n\sin\theta = 0$

y 方向： $\qquad -P + F_n\cos\theta - f\sin\theta = 0$

代入 $f(x)$ 后，可解出牵引力 $F(x)$ 为：

$$F(x) = \frac{n + \tan(\theta)}{1 - n\tan(\theta)}P(x) = \frac{n + \dfrac{\mathrm{d}y(x)}{\mathrm{d}x}}{1 - n\dfrac{\mathrm{d}y(x)}{\mathrm{d}x}}P(x) \quad (7-10)$$

弹簧的挤压力 $P(x)$ 与曲面 x 点的纵坐标 $y(x)$ 关系为：

$$y(x) = kP(x) \quad (7-11)$$

k 为弹簧的刚度系数，将式 7-11 代入式 7-10，于是有：

$$F(x) = \frac{y(x)}{k}\left[\frac{n + \tan(\theta)}{1 - n\tan(\theta)}\right] \quad (7-12)$$

可以看出，当 $n\dfrac{\mathrm{d}y(x)}{\mathrm{d}x}$ 趋近于 1 时，牵引力 $F(x)$ 无穷大，滑块便不可能被拉动。表 7-6 中列出对应不同摩擦系数 n 时的滑动曲面的极限坡度 $\mathrm{d}y/\mathrm{d}x$ 和坡倾角 θ。

表 7-6 对应不同 n 时的极限坡度 $\mathrm{d}y/\mathrm{d}x$ 和坡倾角 θ

n	0.1	0.2	0.5	0.7	0.8	1
$\mathrm{d}y/\mathrm{d}x$	10	5	2	1.43	1.25	1
$\theta/(°)$	84.3	78.7	63.4	55	51.3	45

因此我们限定讨论 $\mathrm{d}y/\mathrm{d}x \ll 1$ 的情况，即滑块可在摩擦斜面上被牵引拉动的情况。此时可忽略 $n\mathrm{d}y/\mathrm{d}x$ 项。于是式 7-12 就简化为：

$$F(x) = \frac{y(x)}{k}\left| n + \frac{\mathrm{d}y}{\mathrm{d}x} \right| \quad (7-13)$$

对上式进行微商，可得：

$$F'(x) = \frac{1}{k}\left| n\frac{\mathrm{d}y(x)}{\mathrm{d}x} + \left(\frac{\mathrm{d}y}{\mathrm{d}x}\right)^2 + y(x)\frac{\mathrm{d}^2y}{\mathrm{d}x^2} \right| \quad (7-14)$$

联立式 7 - 13 和式 7 - 14, 即有:

$$\begin{vmatrix} F(x) & -y(x) \\ F'(x) & -\dfrac{dy}{dx} \end{vmatrix} \begin{vmatrix} k \\ n \end{vmatrix} = \begin{vmatrix} \dfrac{dy}{dx}y(x) \\ \left(\dfrac{dy}{dx}\right)^2 + y(x)\dfrac{d^2y}{dx^2} \end{vmatrix}$$

7.3.1.2 刚度系数 k 和摩擦系数 n

由上面代数方程可以解出刚度系数 k 和摩擦系数 n:

$$k = \begin{vmatrix} \dfrac{dy}{dx}y(x) & -y(x) \\ \left(\dfrac{dy}{dx}\right)^2 + y(x)\dfrac{d^2y}{dx^2} & -\dfrac{dy}{dx} \end{vmatrix} \div \begin{vmatrix} F(x) & -y(x) \\ F'(x) & -\dfrac{dy}{dx} \end{vmatrix} \qquad (7-15a)$$

$$n = \begin{vmatrix} F(x) & \dfrac{dy}{dx}y(x) \\ F'(x) & \left(\dfrac{dy}{dx}\right)^2 + y(x)\dfrac{d^2y}{dx^2} \end{vmatrix} \div \begin{vmatrix} F(x) & -y(x) \\ F'(x) & -\dfrac{dy}{dx} \end{vmatrix} \qquad (7-15b)$$

对 $d^2y/dx^2 = 0$ 的曲面上的拐点来说, 上述方程又可简化为:

$$k = \begin{vmatrix} \dfrac{dy}{dx}y(x) & -y(x) \\ \left(\dfrac{dy}{dx}\right)^2 & -\dfrac{dy}{dx} \end{vmatrix} \div \begin{vmatrix} F(x) & -y(x) \\ F'(x) & -\dfrac{dy}{dx} \end{vmatrix} \qquad (7-16a)$$

$$n = \begin{vmatrix} F(x) & \dfrac{dy}{dx}y(x) \\ F'(x) & \left(\dfrac{dy}{dx}\right)^2 \end{vmatrix} \div \begin{vmatrix} F(x) & -y(x) \\ F'(x) & -\dfrac{dy}{dx} \end{vmatrix} \qquad (7-16b)$$

行列式中各元素可以从摩擦面曲线 $y(x)$ 和牵引力 $F(x)$ 的实际测量结果获得。

7.3.2 实例

设摩擦面曲线为反正切函数 $y = y_m/2 + \arctan(2x/l)$ 曲线, 如图 7 - 17d 所示。这一例子与我们试验研究的汽车车门二限位器的滑动摩擦面（图7-18）的部分线段相符。图7-17中还示出 $F(x)$ 及其导数 $F'(x)$ 与 x 之间的关系。

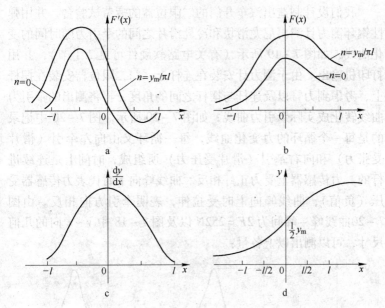

图7-17　各物理量与 x 的关系图

a—$F'(x) \sim x$；b—$F(x) \sim x$；c—$\dfrac{\mathrm{d}y}{\mathrm{d}x} \sim x$；d—$y \sim x$

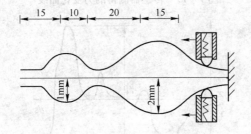

图7-18　汽车门二限位器示意图

（起伏比例夸大）

7.3.3 试验

我们设计制造出汽车开门的二限位器的疲劳试验台，并用弹性钢环测力计测出尼龙滑块和冷轧滑片之间的牵引力随时间的变化曲线，如图 7-19 所示（有关电路软硬件可见 7.1 节），并用打印机输出。由于测力计安装在连杆上，门二限位器安装在摆杆上，考虑到力臂以及连杆与摆杆之间的角度，再将测出的牵引力曲线转化成实际牵引力曲线，如图 7-20 所示。图 7-20 中记录的是每一个循环的力变化曲线，每一循环又由向左牵引（滑片受张力）和向右牵引（滑片受压力）所组成，时间上是连续进行的。力传感器上受力正好相反。曲线峰向下时代表力传感器受压（负值），曲线峰向上时受拉伸，表明牵引方向相反。由图 7-20 曲线峰 - 峰间为 $2F = 252\text{N}$ 以及图 7-18 中 $y \sim x$ 向的几何尺寸，可以测出以上各量：

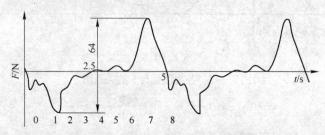

图 7-19　传感器测得的力变化曲线

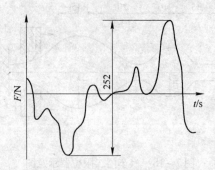

图 7-20　传感器测得的力折算为滑块牵引力变化曲线

$F = 126\text{N}$，$F' = 126/10 = 12.6\text{N/mm}$，又 $y_m = 2\text{mm}$，$l = 10\text{mm}$，$\mathrm{d}y/\mathrm{d}x$ 可由摩擦面反正切曲线假设求得：

$$\left(\frac{\mathrm{d}y}{\mathrm{d}x}\right)_m = \frac{2}{\pi l} = \frac{2}{3.14}\frac{2}{l} = 0.127 \quad 此点\frac{\mathrm{d}^2y}{\mathrm{d}x^2} = 0$$

$$\left(\frac{\mathrm{d}y}{\mathrm{d}x}\right)_{(x=l)} = \frac{y_m}{\pi}\frac{2}{5}\frac{1}{l} = 0.025，将上述各量代入式 7-15、式$$

7-16，可得

$$k = \begin{vmatrix} 0.025\times2 & -2 \\ (0.127)^2 & -0.127 \end{vmatrix} \div \begin{vmatrix} 126 & -2 \\ 12.6 & -0.127 \end{vmatrix} = 2.8\times10^{-1}\text{mm/N}$$

$$n = \begin{vmatrix} 126 & 0.025\times2 \\ 12.6 & (0.127)^2 \end{vmatrix} \div \begin{vmatrix} 126 & -2 \\ 12.6 & -0.127 \end{vmatrix} = 0.15$$

上面所得的摩擦系数与工程塑料与钢之间的实际值相符。我们又将所得计算结果用于计算该限位器滑块在第二个弯曲小滑道上的牵引力。该弯曲滑道的特征尺寸为 $y_m = 1\text{mm}$，$l = 10\text{mm}$。现将计算结果列成表 7-7，并画成图 7-21 中的曲线，可以看出在第二个小弯曲滑道上滑块的牵引力与其位置关系。

表 7-7　二限位器小弯道上滑块的牵引力计算值与位置的关系

滑块位置 计算点 x 值	谷点	上　坡			峰点	下　坡			谷点
	$-l$	$-l/2$	0	$l/2$	l	$\frac{3}{2}l$	$2l$	$\frac{5}{2}l$	$3l$
y	0~0.15	0.251	0.5	0.751	0.87~1	0.751	0.50	0.251	0.15~0
$\mathrm{d}y/\mathrm{d}x$	0.013	0.032	0.064	0.032	0.013	-0.033	-0.064	-0.032	-0.013
$F(x)$/N	4.22	8.57	22.0	25.8	24.1	11.1	3.07	3.07	3.07

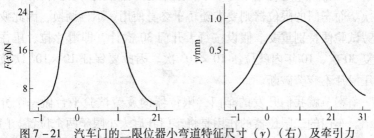

图 7-21　汽车门的二限位器小弯道特征尺寸（y）（右）及牵引力曲线 F（左）在 $l = 10\text{mm}$ 滑道全程上的分布

最大牵引力为 26N。这仅为大弯道上最大牵引力的 1/5。这与实际测得的牵引力曲线相符。也就是说，由于滑片表面有两个不同坡度的弯曲曲线，使滑块通过这两个滑道时需要不同大小的牵引力。这样，滑块能稳定处在牵引力为零的谷点，使车门开启有两个限位和一个关门位置。

7.3.4 小结

通过理论推导得到了滑块在摩擦面上的牵引力与其上施加挤压作用的弹簧的刚度系数及摩擦面形状曲线的特征量之间的关系：

当 $ndy/dx \ll 1$ 时，　　　$F(x) = \dfrac{1}{k}(n + dy/dx)y(x)$

依上面公式，由汽车门二限位器试验装置测得的摩擦面的牵引力曲线的特征量数据反演得到弹簧的刚度系数和摩擦副的摩擦系数，与报道的摩擦系数值基本一致。又利用所得到的该系数计算出二限位器上另一小坡度摩擦面上的牵引力变化曲线及峰值与试验曲线一致。说明理论模型与试验结果相符。

7.4 轿车门二限位器疲劳试验平台

7.4.1 引言

车门限位器对汽车来讲算不上重要部件。但是对其有一个要求，一台轿车运行几十万千米，数年的寿命，别的易损件可以调换。而车门的限位器则要求随轿车终身使用，不再调换，因此疲劳试验便特别重要。假设按每天开门 30 次计，即滑片拉、压往复 30 次，10 年内就拉压 10×10^4 次。因此要保证 10×10^4 次拉压滑片不疲劳破断。

本节就我们开发的车门二限位器的疲劳试验平台做一个介绍。车门的二限位器的作用是将车门开启大小限于两个位置。门开大时便于人上车，下车。门开小时防止突然开大。如图 7 – 22

所示的二限位器由两冷轧滑片对接而成。滑片的缝隙使其叠合宽度变化,出现三个最小宽度(无缝隙)和两个最大宽度(缝隙最大)。滑片在滑块框的中间开孔中滑动。开孔中有工程塑料直接与滑片接触压紧。开门时滑片与滑块克服挤压压力及其造成的摩擦力而做功并做相对滑动。当滑块处于0、2位置时,即波纹的谷点,滑片的缝隙最少,此时滑块处于稳定位置,车门开启大和小,两个位置都很稳定。这就是二限位器的基本原理。开门和关门时,给滑片以作用力。假如最初位置为0,若滑块框向4点滑动,则滑片受张力。当滑块在1点时所受张力最大,在3点时所受张力较大。这与我们力传感器测到的力变化曲线(图7-23)的趋势是一致的,图7-23中将张力记为负。当滑块由4点向8点滑动时,滑片受压缩力,其变化曲线也示于图7-23中,图中

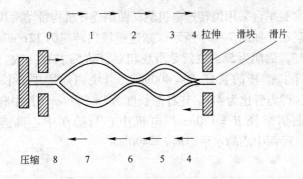

图7-22 开门二限位器拉、压示意图

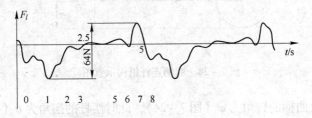

图7-23 传感器测得的力变化 $F_l - t$ 曲线

将压缩力记为正，由 4 经 5、6、7 到 8 点。在 5 点有小峰，在 6 点有谷点，在 7 点出现最大值。当滑块第二次由 0 点到 4 点，再由 4 点到 8 点，滑片上受的力就往复循环，图 7 – 23 也示出第二个循环中力的变化。值得注意的是由 8 点到 0 点的变化，这是由于滑片受力由压缩变为拉伸时突变引起力的波纹。不像 4 点处滑片长，变化平缓。另外，还可以看到滑块由 0 点到 1 点与 1 点到 2 点时力的变化是不一样的，这是因为由 0 点到 1 点是爬坡，而 1 点到 2 点是下坡，挤压力的水平分量及摩擦力的变化是不同的。这也取决于滑片自身的结构形状的不对称性。当滑块由 6 谷点位置到峰点 7 位置时是爬坡，而由 7 峰点到 8 谷点是下坡，可以看到下坡时压缩力"陡降"的情况。

7.4.2 疲劳实验平台机械结构

本实验平台采用恒转速电机驱动曲柄连杆机构带动滑块框相对滑片运动，如图 7 – 24 所示。减速箱输出转速为 12r/min，即每一循环，周期为 5s，也就是滑块相对滑动 5s 拉压一次。设计尺寸如下：摆杆的长度 $D = 400$mm，滑块到摇摆中心长度为 100mm，即力臂比为 4:1。连杆总长度为 $l = 560$mm，其中有力传感器。曲柄半径 $R = 170$mm。电机中心与摇摆中心高差 $h = 170$mm，而两中心的水平距离 $L = 490$mm。

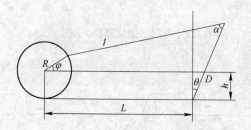

图 7 – 24　曲柄连杆机构示意图

设曲柄的转角为 φ（图 7 – 24），此时摆杆的摆角为 θ（向右摆），连杆与摆杆之间的夹角为 α，根据几何关系，可以得到：

(1) 由图 7-24 得到如下关系:

$$R\cos\varphi + l\sin(\alpha+\theta) - D\sin\theta = L$$

(2) 由三角形余弦定理得到如下关系:

$$[L - R\cos\varphi + (h + R\sin\varphi)\tan\theta]^2$$

$$= l^2 + [D - (h + R\sin\varphi)/\cos\theta]^2 - 2l(D - \frac{h + R\sin\varphi}{\cos\theta})\cos\alpha$$

由上面两式用数值求解的方法可以得到 $\theta = f(\varphi)$ 和 $\alpha = g(\varphi)$ 之间的关系。连杆与摆杆之间的夹角为 α,并不始终与摆杆保持90°,因此,连杆上加传感器所测力 F_l 与限位器滑片上的受力 F 之间的关系应为:

$$F_l D\sin\alpha = FD_1 \quad (准静态力矩平衡关系)$$

所以
$$\frac{F}{F_l} = \frac{D\sin\alpha}{D_1} = h(\varphi)$$

其中代入 $\alpha = g(\varphi)$ 关系。

图 7-25 中示出 $\frac{F}{F_l}$ 与 φ 之间的关系。从而可由测到的力 $F_l - t$ (图7-23),可以计算出 $F - t$ 之间的关系,如图7-26 所示。

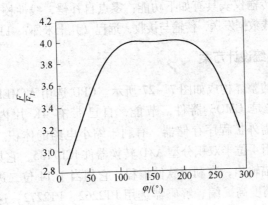

图 7-25 $\frac{F}{F_l}$ 与 φ 之间的关系

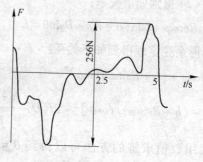

图 7-26 $F-t$ 之间的关系

7.5 一种扭矩传感器的无线数据传输系统

7.5.1 引言

在一些测量领域，人们迫切地需要一种能够进行无线数据传送让使用者方便观察的仪表。例如：当传感器安装在转动或运动部件上时，如何将传感器测得的信号传输到固定的显示仪表或工作站中将成为人们不得不去解决的难题。为了适应这些要求，我们设计了这种传感器输出信号无线数据传输仪表。该扭矩传感器数据无线传输仪表具有如下功能：零点自补偿，线性校正，独立编码，无线数据发送，传输与接收，远程（几十米外），LED 显示。

7.5.2 系统设计方案

系统的整体构成如图 7-27 所示。CPU 选用 ATMEL 公司的 89C51，它是 CMOS 器件，节能，自己带有 4K 片内 FLASH ROM，无需外扩程序存储器，有利于缩小电路的体积。A/D 转换器件选用 4 位半双积分型 A/D 转换器件 ICL7135，它具有 4 位 BCD 码扫描输出，有利于软件编程，它相当于 14 位二进制数的分辨率，精度高。编、解码器选用 PT2262、PT2272，这是一对遥控编、解码器芯片。PT2262 配合无线发射模块 F05C 使用。PT2272 配合无线接收模块 J04E 使用。

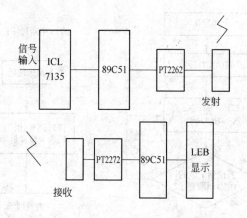

图 7 - 27 系统的整体构成图

7.5.3 发射电路及软件流程图

发射电路如图 7 - 28 所示。它主要由 A/D 转换器件 ICL7135、AT89C51、编码器 PT2262 组成。本电路独到之处是: ICL7135 和 AT89C51 之间共用了 6 根信号线, 没有接个、十、百、千、万位的选通信号输出端 D1 ~ D5, 而是利用时序中的特点结合软件得到了 5 位的 BCD 码输出, 节约了 5 根线。电路中采用正负电源变换器 TC7660 得到 - 5V, 供 ICL7135 的负电源使用。AT89C51 的 ALE 脚信号经过分频供 ICL7135 的时钟输入端 CLK。前端放大器选用市场上常见仪表放大器 AD623, 前端扭矩传感器部分采用惠斯顿电桥, 该扭矩传感器的检测敏感元件是电阻应变桥。将专用的 4 片测扭应变片用 105 胶与圆柱母线各成 45°, 粘贴在该弹性轴套表面上以组成惠斯顿电桥 (与图 7 - 14 力传感器的桥臂电阻贴的方向不同, 后者与周向成 0°, 即与周向平行。而且圆环受径向力, 而前者受沿圆周的扭矩力), 只要向应变电桥提供电源即可测得该弹性轴受扭的电信号, 然后将该应变信号放大。传感器电路部分在工作时, 由外部电源向传感器提供

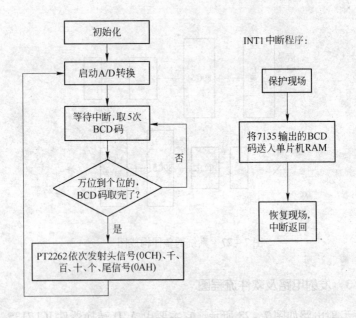

图 7 – 28　发射电路

+5V 电源，当弹性轴受扭时，应变桥检测到的 mV 级应变信号
通过仪表放大器 AD623 将其放大成 1V 左右的强信号，再通过
A/D 转换器 ICL7135 变换成 BCD 码信号。为降低放大器 AD623
输入信号的共模电压，电桥与 +5V 间串接 R1 电阻。ICL7135 是
美国英特西尔公司生产的高准确度、通用型单片 CMOS4 位半
A/D 转换器。它采用 DIP – 28 封装，各管脚功能如下：V + 接 +
5V 电源；V – 接 –5V 电源；GND：数字地；CLK：时钟信号输
入端。本电路中采用 125kHz，由工作于 6MHz 的 AT89C51 的
ALE 脚信号经过 8 分频得到。D1 ~ D5：分别为个、十、百、千、
万位的选通信号输出端，按照先高位、后低位的顺序输出选通脉
冲。B1 ~ B4：BCD 码输出端。输出数据与位选通信号保持同步。
当位选通信号 D5 = 1 时，输出万位数据；D4 = 1 时，输出千位
数据。以此类推。万位仅能输出 0 或 1，其他位可以输出 0 ~ 9，

超量程时各位输出均为零。本电路中将它们接 P1.0 ~ P1.3。OR：超量程信号输出端，当输入信号超过测量范围时，OR 变为高电平，考虑到本仪器实际情况，此脚未用。UR：欠量程信号输出端，当显示值小于满量程的 9% 时，UR 输出高电平，此脚未用。STR：数据选通输出端，在每个 A/D 转换周期开始时，STR 端产生 5 个脉冲宽度等于 1/2 时钟周期的负脉冲，分别对应于 5 个位选通信号的 1/2 脉宽处。我们设计的电路中将它与89C51 的外部中断 INT1 相连，正好利用此端信号的下降沿产生 5 次中断，把各位 BCD 码数据传输到内部 RAM 中，以供发射使用。BUSY：忙输出端，用来指示 A/D 转换正在进行，在积分过程中 BUSY 为高电平，在自动调零阶段为低电平。R/H：运行/保持控制端，此端接高电平或悬空时能自动完成 A/D 转换；接低电平时读数保持不变，直到 R/H 端又恢复高电平时才能改变读数，在保持期间，A/D 转换照常进行。电路中将它与 89C51 的 P3.4 相连，利用程序将此端信号周期性地置高电平，以周期性地启动 A/D 转换，完成 A/D 转换，等待 R/H 产生的 5 次下降沿。POL：信号极性输出端，正信号时输出高电平，负信号时输出低电平。VREF +：基准电压端，因为正向积分时间（T1）为10000 个时钟周期，而反向积分时间（T2）最长为 20001 个时钟周期，即 T2 = 2T1，所以 ICL7135 的基准电压等于满量程电压的一半，即 VREF = 1/2VM。本电路中采用 1V 基准电压，由精密电位器分压得到。CREF +、CREF –：外接基准电容端。IN +、IN –：模拟电压输入端，分别接被测电压的正负端。CAZ：外接自动调零电容端。BUF：缓冲放大器的输出端，接积分电阻RINT，此电阻值的大小影响输入电压的范围，在 – 2 ~ +2V 时，应当用 100kΩ 电阻，我们曾用 10kΩ 电阻做实验，发现只能对于– 0.2 ~ +0.2V 范围的输入电压进行转换，因此，本电路采用100kΩ 精密电阻。INT：积分器输出端，接积分电容 CINT。在实际应用中，我们发现 ICL7135 的输出并不是完全线性的，非线性误差主要是由积分电容存在漏电阻引起的。除了采用软件方法处理外，本电路采用了 0.47μF 聚丙烯积分电容。单片机 89C51 将采集来的 BCD 码，通过 P1 口送给 PT2262，经过发射模块 F05C 发射出去。PT2262 是遥控编码电路，把数据和管脚址通过编码形成串行码，用于 RF 模式。PT2262 有最多可达 12bit 的三态地址管脚，可提供 531、441 地址码，大大减低了任何错码和串码的可能性。本电路中用 A0 ～ A7 作地址管脚，可分别置为"0"、"1"或"f"（悬空），共可提供 6561 个地址码，批量生产时可以保证 6561 个同型产品互不干扰。TE 为允许发射端，低电平有效，当此管脚被单片机置成低电平时，PT2262 从 Dout 端送出编码的波形。OSC1 和 OSC2 两端外接一个 3MΩ 电阻，给 2262 提供近 50kHz 的基本振荡频率。为了解决可能出现的无线通信中的差错问题，保证要发送信息的完整性，我们采用自动请求重发 ARQ 方式。软件设计中在数据的开头和结尾加发头识别信号 0CH（00001100）和尾识别信号 0AH（00001010）作为监督码元，若在接收端检测出错码，则要求重发，仅当认为接收到完整的一帧信息时，才将需要的 4 位 BCD 码送去显示，这样就能够有效地识别无效信号和噪声，正确地接收到有效信号。

7.5.4 接收电路及软件流程图设计

软件流程图见图 7 – 27：当 PT2272 确认接收到有效信号时，VT 变为高电平，在经过非门后变为低电平。产生下降沿，使 89C51 产生中断。将接到的 BCD 码送出显示。PT2272 的 OSC1 和 OSC2 两端外接一个 680kΩ 电阻，给 PT2272 提供近 100kHz 的基本振荡频率，理论值要求 PT2272 的振荡频率要比 PT2262 高 2.5 ～ 8 倍。本例用的数据实践证明是可行的。软件流程图如图 7 – 29 所示。

7.5.5 结束语

本节从硬件电路的设计和软件设计技巧方面叙述了我们在研

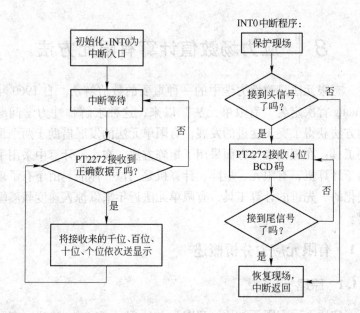

图 7 - 29　软件流程图

制无线传输扭矩传感器中的一些体会。在研制中，我们充分注意了每个器件的特点，深入而详细分析了有关器件的时序特性，充分利用已有资源，尽最大限度发挥器件的性能，节约单片机的口线，以利于仪器的进一步升级和扩展。我们采用无线数据传输，可以解决和满足不同用户的实际需求，具有良好的现实意义和发展前景。

8 ┃ 应力场数值计算有限元方法

有限元法是弹性力学中的一种重要的数值解法。自 1960 年 Cluohg 首次定名"有限单元法"以来，这种求解弹性力学问题的方法获得了突飞猛进的发展。有限单元法的发展借助于两个重要工具：在理论推导方面采用了矩阵方法，在实际计算中采用了电子计算机，有限元、矩阵、计算机是三位一体的。由于有了现代化的、先进的计算工具，有限单元法近年来以惊人速度骤然崛起。

8.1 有限元应力分析概述

8.1.1 原理

实质上，有限元方法（FEM）的原理是"离散求解"。有限元分析的第一步是把整个由连续介质组成的固体结构分成数量有限的指定形状单元，它们之间依靠单元边和指定的所谓结点相互连接。单元几何形状的种类一般从大多数商业程序提供的单元库中可以得到。

一旦结构被分隔成很多单元（这种方法被称为离散化），就要对这些单元而不是整个结构执行工程分析。在单元中获得的解可以组合得到整个结构的相关解。

有限元分析（FEA）可使结构离散化而得到有效解，这需要遵循两个原则：

（1）在结构的几何形状发生突变的部分应划分更密和更小的单元，因为它们是应力和应变集中发生的地方。

（2）避免使用高长宽比的单元。长宽比被定义为同一单元里最长尺寸与最短尺寸的比例，建议使用者保持长宽比在 10 以下。

图 8-1 表示一个微型压力传感器的硅片/振动膜/约束层的离散化。由于对称组合，所以硅片只有 1/4 被包括在有限元分析中。

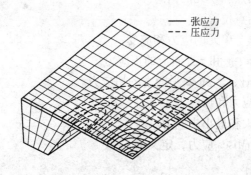

图 8-1 微型压力传感器的离散化

8.1.2 FEA 的输入信息

具体如下：

（1）一般信息：

1）结构几何形状轮廓。

2）建立坐标：$x-y$ 平面，$r-z$ 柱坐标，$x-y-z$ 三维几何空间。

（2）进行 FE 网络化。为了自动生成网络，使用者经常指定特定区域里结点和单元的密度。FE 分析的信息包括：结点数、结点的坐标、结点的条件（例如约束、外力）、单元数、单元说明（例如包含的结点）。

（3）输入材料属性。在应力分析中包括约束结点的位移（例如 x、y、z 三个方向），指定结点的集中力，或者在指定单元边界面的压力。在热传导分析中包括输入给定结点的给定温度，或者在指定边界面上的热流量，或者在指定单元表面的对流和辐射条件。

8.1.3 应力分析的输出信息

具体如下：

（1）结点和单元的信息。

（2）结点位移。

（3）每个单元的应力和应变：

1）在 x、y 和 z 方向上的正应力。

2）在 xy、xz 和 yz 平面上的切应力。

3）正应力和切应力。

4）最大和最小主应力。

5）VonMises 应力，定义为：

$$\overline{\sigma} = \frac{1}{\sqrt{2}} \big[(\sigma_{xx} - \sigma_{yy})^2 + (\sigma_{xx} - \sigma_{zz})^2 + (\sigma_{yy} - \sigma_{zz})^2 + $$

$$6(\sigma_{xy}^2 + \sigma_{yz}^2 + \sigma_{zx}^2) \big]^{1/2}$$

式中，σ_{xx}、σ_{yy} 和 σ_{zz} 分别是沿 x、y 和 z 轴的正应力；σ_{xy}、σ_{yz} 和 σ_{zx} 分别是单元的切应力。VonMises 应力被使用作为多轴应力条件的等效应力。通过它与塑性变形中的屈服强度或材料断裂时的极限抗拉强度相比较。

8.1.4 图形输出

所有商用有限元分析程序都提供如下形式的图形输出：

（1）结构的实体模型。

（2）使用者输入已经有限元网络化的离散的实体结构，例如图 8-1 所示的微型压力传感器芯片。

（3）结构的变形或没有变形的实体模型。

（4）用不同色彩分类的区域来表示指定结构平面的应力、应变和位移的分布。

（5）用不同色彩分类的区域来表示其他要求输出量，例如结构的温度或压力。

（6）在指定操作条件下用动画显示结构的运动或变形。

8.1.5 总评

MEMS 和微系统工业广泛采用有限元方法（FEM）进行设计分析和系统仿真。但是，使用者须知道一些与 MEMS 和微系统设计分析仿真有关的特定的情况：

（1）需要知道 FEM 只能提供被分析问题的近似解。使用者灵活地使用有限元程序能得到有效解。在离散化模式里建立适当载荷和边界条件。例如，压力加载需要被转换成相应边界面上适当结点的集中力。

（2）我们必须确定输入材料属性的可靠性。由于 MEMS 和微系统工业的历史相对短暂，所以缺乏大多产品材料的热物理性质。因此，提醒使用者应小心选择输入到有限元分析中的材料属性。

（3）除非另外指定，使用者应该知道，大多数商业目的有限元软件是在连续理论的基础上开发的。但它们对亚微米级的 MEMS 和微系统组件不适用。商业有限元程序因此不能不在亚微米级的 MEMS 和微系统设计分析中受到限制。

（4）预测由多层薄膜形成的元件或不同材料连接的微系统和 MEMS 的机械行为很困难。这些元件的装配产生不可避免的残余应力和固有应力。当在设计分析中使用商业有限元程序的时候应意识到这个现象。

尽管上述有限元程序存在技术缺陷，它们仍然是唯一可用的 MEMS 和微系统设计和仿真的方法。使用者需要有这个工具丰富的知识，同时需要知道它的局限性。

8.1.6 有限元的分析例子

下面分析的是一个正方形板，圆环在受压力时的受力情况，因为板是正方形的，圆环是严格对称的，我们把正方形沿对角线分割成四个三角形，对其中一个三角形分析受力，得出结果后再映射到整个正方形。因此，我们在建模时只建立一个三角形即可。

第一步：定义单元类型。我们选择实体单元类型，定义为 structural solid/Brick 8node45。

第二步：定义材料属性。在这个过程中我们把模型定义为各向同性线形材料，例如，普通钢材它的杨氏模量为 $2 \times 10^{10}\,\mathrm{Pa}$，泊松比为0.3。

第三步：实体建模。我们建立一个等腰直角三角形（也就是正方形沿对角线分割开，取其中1/4份），先建立一个平面三角形，把上顶点割下一小块作为受力的部位，这样这个三角形就成了一个上边极小的梯形，从上面施加均布力。又设它是一个有厚度的实体模型。

第四步：划分网络，生成单元。这是有限元分析中最重要的一步，也就是确定计算结果及其精度的一步。在这里我们用自动划分并填写划分网络的大小。因为这里分析是一个较简单的模型，所以我们没再细化，在一些大的工程分析时我们可以在一些需要注意的地方和要求较高的地方（例如应力较大或空间变化较大的地方）进行较细的划分，来提高精度，使分析更加接近真实值，这也是最能体现工程分析人员能力的一个环节。

第五步：施加位移约束和载荷。对实体施加位移约束时我们对下底面施加 Y 轴向位移约束，对直角侧面施加 X 轴向位移约束。对上底面施加均布力。

第六步：求解。对模型进行求解得到受力分布图。

第七步：后处理。

我们把此模型分析得到的结果按对称规律得到正方形、圆环分别在受挤压力和沿铅垂径向集中力时的最大剪切应力的分布图，如图8-2~图8-4所示。图8-3、图8-4所示的结果与图4-9、图4-10一致。这说明本书所推导的核心公式（式4-73、式4-74、式4-75）得到有限元分析证明。

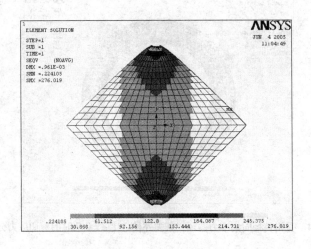

图 8-2 受力面在 z 轴为 0.2cm 的方板的剪切应力分布图

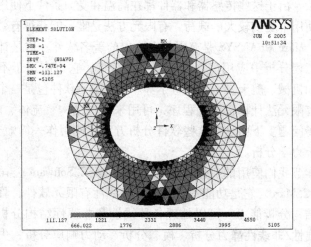

图 8-3 受铅直径向集中力圆环，其内外径之比 $\alpha=0.5$ 时剪切应力分布图

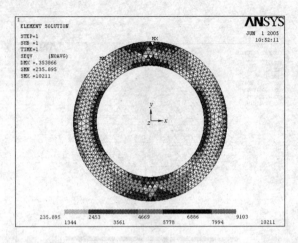

图 8-4 受铅直径向集中力圆环，其内外径之比 $\alpha = 0.7$ 时的剪切应力分布图

8.2 Marc 软件在多晶硅压力传感器设计中的应用

几乎所有 MEMS 和微系统如压力传感器都有复杂的三维几何形状。由于这些传感器和器件都在高温和受力条件下使用，并且在使用中受到较大的载荷，有限元方法是唯一能获得有效解的方法。Marc 和 ANSYS 是有限元方法中的著名软件。这是计算机辅助工程分析中应用广泛的工程分析软件，它可应用于不同领域，如机械、航天、土木、电子等。其有限元软件包是一个多用途的有限元法计算机设计程序，可用来解决结构、流体、电力、电磁场问题。下面是对这些软件分析方法和使用作一简短介绍，着重于力学分析。

本节我们使用的有限元分析软件是 MSC. Software 公司出品的 MSC. Marc。它是功能齐全的高级非线性有限元软件，具有极强的结构分析能力。可以处理各种线性和非线性结构分析，包括：线性/非线性静力分析、模态分析、动力响应分析、失效和破坏分析等，对对流、辐射、相变潜热等复杂边界条件的温度场，以及流场，电场，磁场，也提供了相应的分析求解能力。

8.2.1 力学分析步骤

具体如下：

第一步：建立模型。指定文件名，分析标题，定义单元类型，定义单元常量，定义材料性质，生成实体几何模型，划分网络，生成单元。

第二步：施加位移约束和载荷，应根据实际指定边界和位移情况。

第三步：求解得到应力分布图、位移分布图。应力又分为正应力、切应力、第一主应力、第二主应力和最大剪切应力。最大剪切应力可表明最早发生屈服形变的地点。平面应变场中最大剪切应力 τ_{max} 与第一和第二主应力 p_1 和 p_2 的关系为：$\tau_{max} = \frac{1}{2}(p_1 - p_2)$。

8.2.2 多晶硅压力传感器有限元分析

设计传感器时，需要在不降低膜片过载能力的条件下，使传感器获得较高的灵敏度，较小的零点输出，热零点漂移、热灵敏度漂移，这都需要充分利用膜片上的应变效果，把力敏电阻布置在弹性膜片的较高应变处，使传感器的灵敏系数 K 尽可能大。同时，按传感器工作电路的原理，并能按线性规律工作，应满足式 8-1 的工作条件：

$$\frac{\Delta R}{R} = K\varepsilon \qquad (8-1)$$

式中，R 是力敏电阻值；K 为电阻应变敏感材料的灵敏系数；ε 是应变。由式 8-1 可以看出，硅膜上的电阻相对变化与应变成正比，只要计算得到应变，电阻相对变化也就相应得到。

8.2.3 压力传感器膜厚与应力的关系

下面讨论的是方形膜片应变分布，用有限元软件 Marc 对弹性膜片进行分析，确定力敏电阻的排布并模拟分析膜的应变与膜的大小、厚度的关系。

本书用简化模型，假设传感器应变膜由厚度只有几十微米的硅膜所构成，而实际硅传感器硅膜上有更薄的（远远小于 $1\mu m$）氮化铝和氮化硅膜，但简化模型并不影响分析结果。弹性承载膜为一正方形膜，边长为 4mm。选方形承载膜面为 xy 面，正方形左下角为坐标原点，z 轴垂直于膜面。受均匀垂直载荷的弹性薄膜面上没有额外弯矩、扭矩，仅有张应力和拉应力。

令膜边界固接，可用二维有限元法计算应力分布。硅的弹性模量 $E = 127\,GPa$，泊松比 $\nu = -S_{12}E = 0.278$，硅的断裂强度为 450MPa。设膜面上施加 10kPa 压力，对方膜进行网格划分，得出各节点坐标。共划分为 400 个单元，882 个节点。我们对不同膜厚 t 从 $10\mu m$ 到 $300\mu m$ 进行了模拟，得到了膜中心处的最大应力 σ_{11}，如表 8-1 所示。并且由此数据画出了当施加 10kPa 压力时，膜厚 t 与所对应的位于膜中心处的应力 σ_{11} 的关系曲线，如图 8-5 所示。

表 8-1　施加压力为 10kPa 时膜中心处的应力 σ_{11}

$t/\mu m$	10	20	30	40	50	60	90	120	150	210	240	270	300
σ_{11} /MPa	397.2	99.3	44.13	24.82	15.88	11.03	4.900	2.754	1.761	0.8963	0.6852	0.5404	0.4369

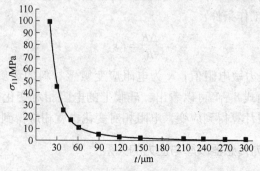

图 8-5　施加 10kPa 压力时，膜厚 t 与膜中心处应力 σ_{11} 的关系

从图 8-5 可以看出，施加压力为一特定值时，随着膜厚的增加，膜中心处的应力是按平方关系逐渐减小的。用上述模型，我们又分析，当 x 方向主应力 σ_{11} 在膜左边缘中点达到 44.13MPa 时，膜的承载压力 p_N 及极限耐压 p_r 与膜厚 t 的关系，示于表 8-2 中，并画出了关系曲线，见图 8-6（曲线 A 为 p_N 与 t 的关系曲线；曲线 B 为 p_r 与 t 的关系曲线）。

表 8-2 应力达到 44.13MPa 时，膜的承载压力 p_N 及
极限耐压 p_r 与膜厚 t 的关系

$t/\mu m$	10	30	60	90	120	150	210	240	270	300
p_N/kPa	1.111	10	40	90	160	250	490	640	810	1000
p_r/kPa	11.33	101.97	407.89	917.74	1631.54	2549.28	4996.60	6526.17	8259.69	10197.14

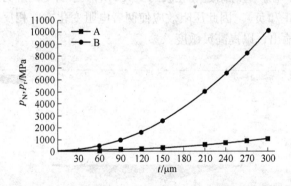

图 8-6 压力 p_N（曲线 A）和 p_r（曲线 B）与膜厚 t 的关系图

从图 8-6 可以看出，膜上应力达到一特定值时，随着膜厚的增加，膜对压力的承载能力也是增加的，并且两者是成平方关系增加的。

8.2.4 力敏电阻条的布置

仍用以上简化模型进行模拟，弹性方膜尺寸为 4mm × 4mm，膜厚选择为 30μm。边界条件和参数同上所述。为使力敏电阻产

生较大的压阻效应，应使 4 个力敏电阻位于尽可能大的应力处，电阻条沿更大的应力方向时能取得更大的压阻效应。硅弹性膜受到匀布垂直压力 10kPa 作用后，z 方向产生如图 8 - 7 所示的位移。这时，从图 8 - 8 可以看出，在膜边附近，横向应力 σ_{11} 大于纵向应力 σ_{22}。也就是说，垂直膜边方向有更大的应力。在膜中央两者差不多，但应力符号与膜边附近时相反。往往一条电阻条的阻值不能满足电学要求，需要多条串联才行。否则，单条就会超过图 8 - 9 所示的边界附近的深色高应力区。这样，多条串联时便有折弯，折弯部分对压阻效应产生不利影响，因此折弯部分越短越好。最后应将串联电阻作为惠斯顿电桥一个桥臂。因此，两个桥臂布置在膜边缘附近且又垂直边的方向，另两个桥臂布置在膜的中央，它们分别构成惠斯顿电桥的相对的两个桥臂。受压时，在膜边缘附近和在膜的中央的电阻条所受的应力符号相反（即正和负）。因此压阻效应使两者电阻变化方向相反，电桥有较大输出，以提高灵敏度。

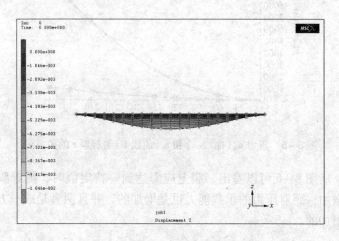

图 8 - 7　膜面中线 z 方向位移云图

从图 8 - 7 中网格可以看出，零应力区到方膜边界距离为 0.6mm（3 个小网格，每个小网格 0.2mm）。所有边附近的电阻

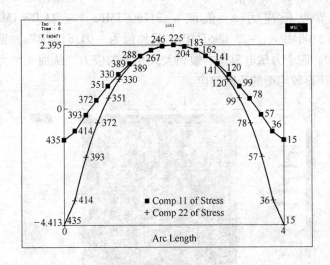

图 8-8 σ_{22}、σ_{11} 对照图

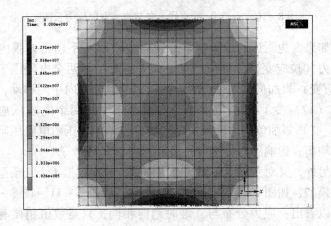

图 8-9 硅弹性膜等效应力云图

长度最大不能超过 0.6mm。力敏电阻从膜边边界到零应力区取 3 个节点，节点拉应力 S_y 值取 41.1253MPa、34.7922MPa、

18.2442MPa，累加值为97.1617MPa；膜中间力敏电阻取4个节点，节点压应力 S_y 值取 –21.8093MPa、–23.0961MPa、–23.5108MPa、–23.0961MPa，累加值为 –91.5123MPa，见图8–10。四个力敏电阻基本做到大致相等的应力，从而4个力敏电阻获得较均衡的压阻效应。

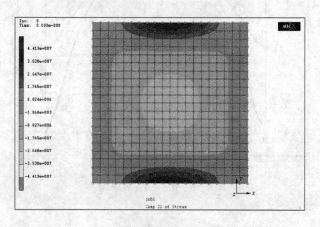

图8–10 $x = 2.0$mm直线上各节点 y 方向应力云图

如果，边附近的压敏电阻分别向边移动（不超出方膜内），拉应力（拉应变）累加值增加，大大超过中间两个电阻压应力（压应变）累加值；如果边附近的压敏电阻分别向中间移动，拉应力（拉应变）累加值减小，大大小于中间两个电阻压应力（压应变）累加值。这两种情况，均将破坏4个压敏电阻压阻效应的均衡，影响压力传感器的稳定性。

另外，又对三维立体图进行了模拟，分别模拟了1/4模型和整个模型，如图8–11～图8–14所示。从图8–11～图8–14中可以看出：应力分布与二维时趋向相同，只是数值稍微有差别。基于应力分布和多晶硅电阻条在纵向相比横向有较大的压阻系数的性质，我们选择图8–15所示的排列方式。方形膜上四条力敏电阻的分布分别位于中心和边缘具有不同符号（即压和张）的应力区。

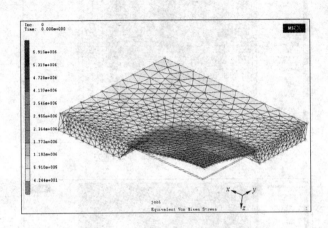

图 8-11　1/4 模型时 Von Mises 等效应力

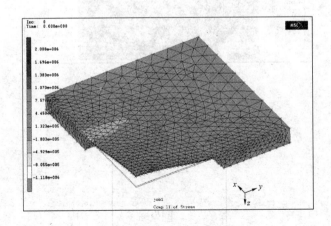

图 8-12　1/4 模型时 x 方向的应力

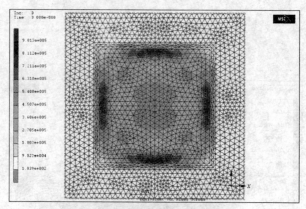

图 8-13 Von Mises 等效应力

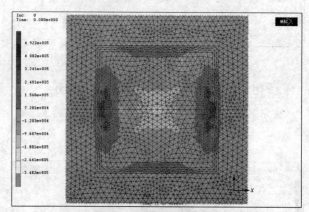

图 8-14 x 方向的应力

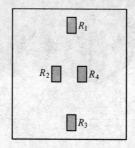

图 8-15 方形膜上四条力敏电阻的分布

8.2.5　多晶硅压力传感器的基本结构及工艺

多晶硅薄膜作为一种重要的半导体薄膜材料，早已引起人们的重视。20 世纪 70 年代中期，硅栅 MOS 器件的出现使多晶硅在器件结构中得以应用。20 世纪 80 年代，多晶硅成了先进器件材料的主力军。除了 MOS 栅之外，多晶硅还用在 SRAM 器件中的负载电阻、沟槽填充；EEPROM 中的多层聚合物、接触阻隔层；双极型器件的发射极和硅化物金属配置中的一部分。20 世纪 80 年代后期，基于多晶硅较大的压阻系数和良好的温度特性，有人提出了多晶硅高温压力传感器。多晶硅电阻器是制备在绝缘衬底（如 SiO_2、Si_3N_4、AlN、蓝宝石膜）之上的。与一般用 p-n 结隔离的扩散电阻不同，它没有反向漏电现象，从而提高了传感器的工作温度。多晶硅的应变因子较大，因而传感器的灵敏度高。它的电阻温度系数取决于掺杂浓度，可控制为正的或负的，容易实现热零点漂移的温度补偿。而且多晶硅容易制作，电阻值容易用激光修正，所以多晶硅在压力传感器中的应用日渐重要。

下面对多晶硅高温压力传感器的研制和结构设计、加工工艺等问题作简单介绍。

压力传感器结构如图 8-16 所示。当外部压力作用于弹性承载膜（即硅杯）时，使弹性承载膜产生应变，这种应变传递到多晶硅电阻条上，表现为力敏电阻条电阻值的变化。由于四根力敏电阻条作为惠斯顿电桥的四桥臂，桥的对面四桥臂分别布置在弹性承载膜的边缘区和中心区，由 8.2.4 节可知，它们受应力符号相反。当对面的二桥臂力敏电阻产生压应变时，电阻率变小；而另一对面二桥臂力敏电阻产生拉应变，电阻率变大。当恒流源通过电桥时，输出电压出现差值。它反映压力大小及其变化，力敏电阻变化 $\Delta R/R$ 越大，传感器灵敏度越高；4 个力敏电阻值（绝对值）变化越一致，传感器稳定性越好。图 8-16 左示出多晶硅压力传感器的衬底各层间的关系，它们分别用反应溅射法制备，详见专利号 ZL2006，10013089。图 8-16 右示出最终的多晶硅压力传感器的结构，硅杯是各向异性腐蚀加工形成的。为什么采用氮化铝作隔离膜？由图 8-16 中的右图可见，因为这时无 p-n 结防止从衬底到电阻条的漏电。且氮化铝与硅的线膨胀系数接近，因此热应力小。另外，氮化铝的导热系数小，散热快。详见 8.3 节。多晶硅是怎样形成的？溅射的非晶硅在 600℃ 退火依靠铝诱导转化形成。由于铝的诱导转化温度很低，氮化铝隔离膜也是由溅射的非晶态在 700℃ 退火后转化成晶态的，详见专利号 ZL2006，10013089 及 5.5 节 X 射线分析。

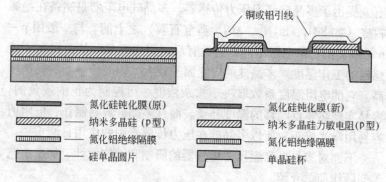

图 8-16 压力传感器的衬底（左）和结构（右）

8.3 高温压力传感器热模拟

我们利用 AlN 隔膜作衬底制备多晶硅压力传感器，取消了 p-n 结，防止了反向漏电的不利影响。8.2 节分析了压力膜中的应力分布和多晶硅力敏电阻条的布置。本节讨论 AlN 隔膜的作用，利用其有高的热导率，特别是强调它对膜中温度分布的散热效果观察。我们利用 ANSYS 软件进行稳态热分析。

8.3.1 概述

对于稳态热分析，如果系统的净热流率为 0，即流入系统的热量加上自身产生的热量等于流出系统的热量：$q_{流入} + q_{生成} -$

$q_{流出}=0$，则系统处于热稳态。在稳态热分析中任一节点的温度不随时间变化。稳态热分析的能量平衡方程为（以矩阵形式表示）：

$$[K]\{T\} = \{Q\} \qquad (8-2)$$

式中 $[K]$——传导矩阵，包含热导率，对流系数及辐射率和形状系数；

  $\{T\}$——节点温度向量；

  $\{Q\}$——节点热流率向量，包含热生成。

ANSYS 利用模型几何参数、材料热性能参数以及所施加的边界条件，生成 $[K]$、$\{T\}$ 以及 $\{Q\}$。

为了减少计算机的计算量并提高计算速度，我们只建立高温压力传感器的二维截面图，并且只建立硅衬底层、中间层和电阻层，这并不影响对模型的温度分析。

其中 Si 衬底是边长为 $4000\mu m$，厚度为 $400\mu m$ 的方形。硅杯底面（100）与侧壁（111）所成角度约为 $54°$，2、4 间弹性膜宽约为 $2520\mu m$，1、3 间弹性膜宽为 $2020\mu m$，高度为 $370\mu m$。

AlN 厚度范围：$0.25 \sim 1.5\mu m$，在制备 AlN 薄膜时要考虑多方面因素，既要考虑制备时间的长短，又要考虑 AlN 在高温压力传感器中所起的作用。AlN 厚度过大，势必造成溅射时间过长而且散热能力减弱；而 AlN 太薄，耐压能力降低，所以要综合考虑。

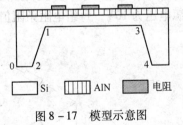

图 8 – 17　模型示意图

电阻在截面图中只可以看到三个（图 8 – 17），每条长度为 $120\mu m$，厚度为 $1\mu m$，并且分布在膜宽范围内。

8.3.2　AlN、SiO₂、Al₂O₃ 作为绝缘层时的比较

利用 ANSYS10.0 对 AlN、SiO_2 和 Al_2O_3（它们的线膨胀系

数和导热系数如表 8 - 3 和表 8 - 4 所示）分别作绝缘层（散热层）温度分析，比较哪一种材料更适合作散热层。

表 8 - 3　不同材料的线膨胀系数

材　　料	Si	AlN	SiO$_2$	Al$_2$O$_3$（99%）
线膨胀系数/K^{-1}	2.62×10^{-6}	2.58×10^{-6}	0.5×10^{-6}	5.6×10^{-6}

表 8 - 4　不同材料的导热系数

材　　料	Si	AlN	SiO$_2$	多晶硅	Al$_2$O$_3$（99%）
导热系数/W·(m·K)$^{-1}$	138	65	1.4	149	30

理论上 AlN 与硅的线膨胀系数接近，附着力高，耐击穿性好，散热性好，更有利于器件工作，所以 AlN 应优于 SiO$_2$ 和 Al$_2$O$_3$。下面我们通过 ANSYS 软件来验证散热效果。

假设高温压力传感器工作在 300℃，空气对流系数为 10W/（m^2·℃）。

ANSYS 热载荷类型分为恒流、热流率、对流换热及辐射换热。对于本例，需在模型上加载空气对流系数和要求环境可达到的温度为 300℃，电阻条作为热源，需加载热生成率，在实际模型中有 4 组电阻条，并且构成惠斯顿电桥，如图 8 - 18 所示，电源电压为 10V，每组电阻条阻值为 5kΩ，则可计算出在图 8 - 18

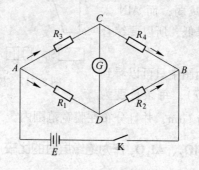

图 8 - 18　惠斯顿电桥

中每个电阻应加载的热生成率，用 HGEN 表示，在 ANSYS 中计算平面上加载热生成率需要较复杂的数学计算与热学理论推导，此处我们直接给出热生成率为 $2000W/m^2$。

经 ANSYS 求解，并后处理得到图 8 – 19 ~ 图 8 – 22。从图 8 – 19 ~ 图 8 – 22 中我们可以看出模型的温度分布：当 AlN 作为散热层时，模型各点的温度范围为 $300 \sim 345.3℃$；当 SiO_2 作为散热层时，模型各点的温度范围为 $300 \sim 362.297℃$；当 Al_2O_3 作为散热层时，各点的温度范围为 $300 \sim 349.064℃$。可见 AlN 作为绝缘膜时器件的最高温度要低于 SiO_2 与 Al_2O_3 作为绝缘膜时器件的工作温度，即 AlN 的散热能力要优于 SiO_2 与 Al_2O_3，所以 AlN 更适合作散热层，也验证了我们的推测。

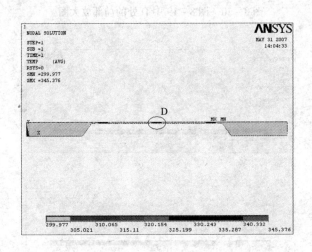

图 8 – 19 AlN 作为散热层时的温度分布图

8.3.3 散热层不同厚度时衬底温度的比较

图 8 – 22 中以 O 点为左下角平面直角坐标系的原点，水平方向为 x 轴，竖直方向为 y 轴，建立平面直角坐标系，取 A 点坐标为 (2000, 400)，B 点坐标为 (2000, 395)，C 点坐标为

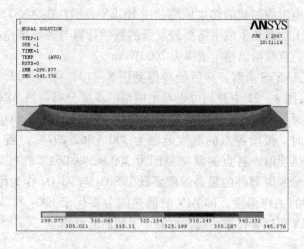

图 8 – 20　图 8 – 19 中 D 处的局部放大图

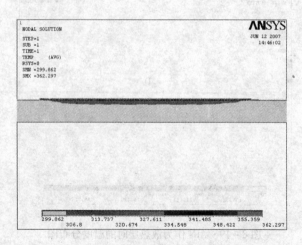

图 8 – 21　SiO_2 作为散热层时的温度

分布局部放大图

(2000，385)，所求温度值见表 8 – 5，利用 ANSYS 软件模拟出散热层不同厚度时模型不同点的温度值，并画出温度随其厚度变化的关系曲线，如图 8 – 23 所示。

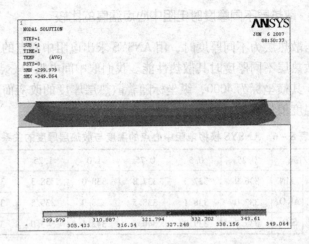

图 8 – 22 Al$_2$O$_3$ 作为散热层时的温度
分布局部放大图

表 8 – 5 ANSYS 模拟 A、B、C 三点温度数据

厚度/μm		0.25	0.5	0.75	1.0	1.25	1.5
温度/℃	A	333.7	332.1	330.8	329.5	328.2	327.1
	B	329.7	328.6	327.4	326.3	325.1	324.1
	C	322.7	321.6	320.7	319.8	319.2	318.4

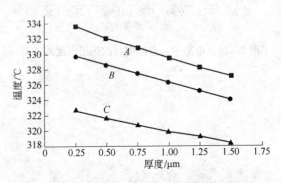

图 8 – 23 衬底温度与散热层厚度的关系

8.3.4 散热层不同厚度时电阻中心点温度的比较

当散热层为不同厚度时，用 ANSYS 求出电阻中心点的温度，比较散热层不同厚度时其散热性能。我们取中间电阻中心点进行研究，其横坐标为 4000，纵坐标随着散热层厚度的改变而改变。所求温度值如表 8 - 6 所示。

表 8 - 6 ANSYS 模拟电阻中心点的温度与散热层厚度的关系

厚度/μm		0.25	0.5	0.75	1.0	1.25	1.5
温度/℃	AlN	336.9	337.5	337.8	338.0	338.3	338.6
	Al_2O_3	337.0	338.1	338.5	338.9	339.5	339.8
	SiO_2	337.7	339.0	340.5	342.1	343.0	343.8

从而得到电阻中心点温度与散热层厚度的关系曲线，如图 8 - 24所示。

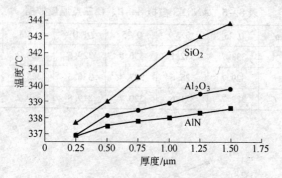

图 8 - 24 电阻中心点温度与散热层厚度的关系

9 ║ 受多重对称性力圆环中的应力分析

本书讨论了受径向顶力 F（$\theta = \pi/2$）圆环中的应力分布，提出了核心公式。此时，圆环具有二重对称性。为更全面起见，作者试图还提出三重和四重对称性受径向力圆环中的应力分布公式，以利于读者应用。

9.1 薄圆环中应力及弯矩分析计算

受径向顶力 F（此时 $\theta = \pi/2$）薄圆环中的应力分布公式，早由 Timoshenko S.（Phil. Mag.，1922，44，1014）提出：

$$\sigma_{\theta\theta}(\theta) = \pm \frac{3}{2} \frac{M(\theta)}{W\delta^2} = \pm \frac{3}{4} \frac{1}{W\delta^2} F \times Ra\left(\cos\theta - \frac{2}{\pi}\right)$$

式中，$\sigma_{\theta\theta}$ 为内外壁上周向应力；θ 角见图 1 - 1；W 为环宽度；δ 为半壁厚；Ra 为中径；M 为环的弯矩；F 为径向顶力（$\theta = \pi/2$）。这一公式满足能量极小值原理。内外壁上周向应力 $\sigma_{\theta\theta}$ 与圆环的弯矩 M 之间的关系为：

$$\sigma_{\theta\theta} = \pm \frac{3}{2W\delta^2} M(\theta)$$

两者成正比，所以只需讨论圆环的弯矩 M 便行。

9.1.1 受二重对称性径向力圆环中的弯矩 M 和应力分布公式计算

弯矩平衡时有：

$$M(\theta) = \frac{1}{2} FRa(1 - \cos\theta) + M(0°)$$

关键是得到 $M(0°)$，这便很方便地得到 $M(\theta)$。由能量极小值原理（即泛函 $M(\theta)$ 的变分为零）可得：

$$\frac{\delta}{\delta M(\theta)} \frac{1}{2} \oint_L M(\theta)^2 \mathrm{d}\theta = \frac{\delta}{\delta M(\theta)} \oint_L \frac{1}{2} \left[FRa(1 - \cos\theta) + M(0°) \right]^2 \mathrm{d}\theta$$

$$= \oint_L \frac{1}{2} \left[FRa(1 - \cos\theta) \right] \mathrm{d}\theta + \oint_L M(0°) \mathrm{d}\theta$$

$$= \frac{1}{2} FRa(\theta - \sin\theta) \Big|_0^{\pi/n} + M(0°)\pi/n$$

$$= \frac{1}{2} FRa(\pi/n - \sin\pi/n) + M(0°)\pi/n = 0$$

所以：$M(0°) = -\frac{1}{2} FRa(\pi/n - \sin\pi/n)n/\pi$

对于二重对称性受径向顶力圆环，$n = 2$，所以：

$$M(0°) = -\frac{1}{2} FRa(\pi/2 - 1)2/\pi = -\frac{1}{2} FRa(1 - 2/\pi),$$ 因

此：

$$M(\theta) = \frac{1}{2} FRa(1 - \cos\theta) - \frac{1}{2} FRa(1 - 2/\pi)$$

$$= \frac{1}{2} FRa(2/\pi - \cos\theta)$$

这就是 Timoshenko 的公式。

9.1.2 受三重对称性径向力圆环中的弯矩 M 和应力分布公式计算

对于受三重对称性径向力（互成 120°）圆环，弯矩平衡式一样，但 $n = 3$。所以：

$$M(0°) = -\frac{1}{2} FRa(\pi/n - \sin\pi/n)n/\pi$$

$$M(0°) = -\frac{1}{2} FRa(\pi/3 - \sin\pi/3) \times 3/\pi = -\frac{1}{2} FRa(1 - 3/\pi \times \sqrt{3}/2)$$

$$= -\frac{1}{2} FRa(1 - 0.826) \approx -\frac{1}{2} FRa \times 0.174 = -0.087 FRa$$

$$M(\theta) = \frac{1}{2} FRa(1 - 0.173 - \cos\theta)$$

该式适用于 $-\dfrac{\pi}{3} \leqslant \theta \leqslant \dfrac{\pi}{3}$。当 $\theta = \pi/3$ 时，$M(\pi/3) = \dfrac{1}{2}FRa$ $(1 - 0.173 - \cos 60°) \approx 0.164FRa$ 最大。当 $\theta \geqslant \pi/3$ 时，$M(\theta) = -M \times (\theta - \pi/3)$。例如：$M(\pi/2) = -M(\pi/2 - \pi/3) = -M(30°)$。

9.1.3 受四重对称性径向力圆环中的弯矩 M 分布公式计算

受四重对称性径向力（互成 90°）圆环中的弯矩平衡式与上述情况不一样。当 $\theta = 0°$ 时，1/4 圆环中除垂向力 $F/2$，还有水平方向力 $F/2$：

$$M(\theta) = \frac{1}{2}FRa(1 - \cos\theta + \sin\theta) + M(0°)$$

此时圆环具 0 至 $\pi/4$ 四重对称性，$n = 4$。由能量极小值原理可得：

$$\frac{\delta}{\delta M(\theta)} \frac{1}{2}\oint_L M(\theta)^2 \mathrm{d}\theta = \frac{\delta}{\delta M(\theta)}\oint_L \left[\frac{1}{2}FRa(1 - \cos\theta + \sin\theta) + M(0°)\right]^2 \mathrm{d}\theta$$

$$= \frac{1}{2}FRa\oint_L (1 - \cos\theta + \sin\theta)\mathrm{d}\theta + \oint_L M(0°)\mathrm{d}\theta$$

$$= \frac{1}{2}FRa(\theta - \sin\theta - \cos\theta)\Big|_0^{\pi/4} + M(0°)\pi/4$$

$$= \frac{1}{2}FRa(\pi/4 - \sqrt{2} + 1) + M(0°)\pi/4 = 0$$

$$M(0°) = -1/2FRa(1 - 4/\pi \times 0.4142) = -0.4726FRa$$

此时弯矩 M 最大，所以：

$$M(\theta) = \frac{1}{2}FRa\left[(1 - \cos\theta + \sin\theta) - 0.4726\right]$$

当 $\theta \geqslant 22.5°$ 时，$M(\theta) = -M(\theta - 45°)$。例如：$M(45°) = -M(0°) = 0.4726FRa$。

9.2 厚圆环中应力计算

受二重对称性径向力（互成 180°）厚圆环，对真实应力需应用的能量极小值原理为：

$$\oint \nabla(\sigma_{11} + \sigma_{22})\boldsymbol{n}\mathrm{d}l = \iint \nabla^2(\sigma_{11} + \sigma_{22})\mathrm{d}s = 0$$

或
$$\oint_l \nabla(\sigma_{rr} + \sigma_{\theta\theta})\boldsymbol{n}\mathrm{d}\theta = \oint_l \frac{\partial}{\partial n}(\sigma_{rr} + \sigma_{\theta\theta})\mathrm{d}\theta$$

$$= 4\int_0^{\frac{\pi}{2}} \frac{\partial}{\partial n}(\sigma_{rr} + \sigma_{\theta\theta})\mathrm{d}\theta = 0$$

受二重对称性径向力（互成180°）厚圆环已有本书的核心公式：

$$\sigma_{\theta\theta}(\alpha, \theta) = -\frac{1}{2}\frac{F}{Br_o}\left[g(\alpha)\left(\cos\theta - \frac{2}{\pi}\right) + \frac{B}{1-\alpha_0}\frac{2}{\pi}\right] \quad (\text{周向正应力})$$

$$\sigma_{rr}(\alpha, \theta) = -\frac{1}{2}\frac{F}{Br_o}\left[h(\alpha)\left(\cos\theta - \frac{2}{\pi}\right)\right] \quad (\text{径向正应力})$$

$$\sigma_{r\theta}(\alpha, \theta) = -\frac{1}{2}\frac{F}{Br_o}h(\alpha)\sin\theta \quad (\text{切向应力})$$

$$\tau_{\max}(\alpha, \theta) = \frac{1}{2}\sqrt{[\sigma_{\theta\theta}(\alpha, \theta) - \sigma_{rr}(\alpha, \theta)]^2 + 4\sigma_{r\theta}^2(\alpha, \theta)}$$

（最大切正应力）

已计算出圆环内应力分布，又由等最大切应力 $\tau_{\max}$ 绘制出其条纹的分布图。1/4 圆环中切应力不改变符号。

受三重对称性径向力厚圆环中的应力分布介绍如下：前面指出，受二重对称性径向力（互成180°）厚圆环与受三重对称性径向力（互成120°）厚圆环的弯矩平衡式一样，但 $n=3$。其差别在于无弯矩截面方位角 θ_0 不一样。前者 $\theta_0 = \cos^{-1} 2/\pi = 50.4°$，后者约为零度。$\theta_0 = \cos^{-1}(1 - 0.173) \approx 34.2°$。而且，本书第一作者已得到 Airy 方程特解：

$$\sigma'_{\theta\theta} = -(F/2Br_o)[-1/\alpha + \xi(3\alpha - \alpha_i^2/\alpha^3)]\cos\theta$$
$$= -(F/2Br_o)g(\alpha)\cos\theta$$

（见式 4-46）

$$\sigma'_{rr} = -(F/2Br_o)[-1/\alpha + \xi(\alpha + \alpha_i^2/\alpha^3)]\cos\theta$$
$$= -(F/2Br_o)h(\alpha)\cos\theta$$

（见式 4-47）

$$\sigma'_{r\theta} = -(F/2Br_o)\left[-1/\alpha + \xi(\alpha + \alpha_i^2/\alpha^3)\right]\sin\theta$$
$$= -(F/2Br_o)h(\alpha)\sin\theta$$

（见式 4-48）

式中：

$$g(\alpha) = \left[-1/\alpha + \xi(3\alpha - \alpha_i^2/\alpha^3)\right] \quad （见式 4-49）$$

$$h(\alpha) = \left[-1/\alpha + \xi(\alpha + \alpha_i^2/\alpha^3)\right] \quad （见式 4-50）$$

$$B = \int_{\alpha_i}^{1} g(\alpha)\,d\alpha = \int_{\alpha_i}^{1} h(\alpha)\,d\alpha = \ln\alpha_i + \xi(1 - \alpha_i^2)$$

式中，$\xi = r_o^2/(r_o^2 + r_i^2)$，$r_o$ 和 r_i 为外、内半径；$\alpha = r/r_o$；$\alpha_i = r_i/r_o$。

上面各式是 Airy 方程解的结果，与受力对称性无关，但它们是高能解，不是实际真实解。因此受三重对称性径向力时，各应力真实解为：

$$\sigma_{\theta\theta}(\alpha, \theta) = -\frac{1}{2}\frac{F}{Br_o}\left[g(\alpha)(\cos\theta - 1 + 0.173) + \frac{(1 - 0.173)B}{1 - \alpha_0}\right]$$

（周向正应力）

$$\sigma_{rr}(\alpha, \theta) = -\frac{1}{2}\frac{F}{Br_o}\left[h(\alpha)(\cos\theta - 1 + 0.173)\right] \quad （径向正应力）$$

$$\sigma_{r\theta}(\alpha, \theta) = -\frac{1}{2}\frac{F}{Br_o}h(\alpha)\sin\theta$$

（切向应力，1/4 圆环中切应力也不改变符号）

$$\tau_{max}(\alpha, \theta) = \frac{1}{2}\sqrt{\left[\sigma_{\theta\theta}(\alpha, \theta) - \sigma_{rr}(\alpha, \theta)\right]^2 + 4\sigma_{r\theta}^2(\alpha, \theta)}$$

（最大切正应力）

这些应力满足力和弯矩的平衡。但适合 $\theta = -60° \sim 60°$，超过此范围应相对 $\theta = -60°$ 或 $\theta = 60°$ 对称翻转。对受四重对称性径向力厚圆环中的应力分布留给读者自己推导。

参 考 文 献

[1] 周勇，赵华新. 归纳法阅读材料 [J]. 数学通讯，2008，19：48～49.

[2] Wang Shiqing, Shi Jing, Du Wenjing. A kind of Answer to Two Goldbach Conjecture [J]. 前沿科学 (Faculty Science) 2, 2008, 4：75～77.

[3] Timoshenko S. On the distribution of stress in a circular ring compressed by two forces along a diameter [J]. Phil. Mag. , 1922, 44：1014.

[4] Timoshenko S. Strength of Material, Part 1, Elementary, Third edition [M]. Van Norstrand Reinhold Company, Newyork, 1955：380.

[5] Frocht M M, Hill H N. Stress – concentration factors around a central circular hole in a plate loaded through pin in the hole [J]. J. Appl. Mech. , 1940, 7：5.

[6] Ripperger E A, David N. Critical stresses in a circular ring [J]. Proc. ASCE, 1946, 2.

[7] Frocht M M. Photo Elasticity, V. 1 [M]. John Wiley & Sons, 1946：44.

[8] Roark R. Formulas for stress and strain [M]. London：McGraw – Hill, 1965：333.

[9] Lurje A F. Theory of Elasticity (in Russian) [M]. Moscow：Nauka, 1970.

[10] Durelli A J, Lin Y H. Stresses and displacements on the boundaries of circular rings diametrically loaded [J]. J. Appl, Mech. , 1986, 53：213～219.

[11] Ma D. Elastic stress solution for a ring subjected to point – loaded compression [J]. Int. J. Pre. Ves. & Piping, 1990, 42：185～191.

[12] Ma D. Elastic stress solution for a ring subjected to point – loaded tension [J]. Int. J. Pre. Ves. & Piping, 1991, 45：199～205.

[13] Batista M, Usenik. Stresses in a circular ring under two forces acting along a diameter [J]. J. Strain analysis, 1996, 31 (1)：75～78.

[14] Timoshenko S. Theory of Elasticity [M]. 1934, (McGraw – Hill Book Co.)：104.

[15] Airy G B. Br. Assoc. Adv. Sci. Rep. , 1862.

[16] Hirth J P, Lothe J. Theory of dislocations [M]. 1968, (McGaw – Hill Book Co.)：7.

[17] Hess M S. The End Problem for a Laminated Elastic Strip：I. The General Solution [J]. J. Comp. Mat. , 1969, 3：262～280.

[18] Bradley F E. Development of an Airy stress function of general applicability in one, two or three dimensions [J]. J. Appl. Phys. , 1990, 67 (1)：225～226.

[19] Michell J H. 1899, Proc. London Math. Soc. , 31, 100.

[20] Timoshenko S, Goodier J N. Theory of Elasticity [M]. 1951, (McGraw – Hill Book Co.)：116.

参考文献 ‖ 221

[21] Ungár T, Leoni M, Scardi P. The dislocation model of strain anisotropy in whole powder pattern fitting, the case of a Li – Mn cubic spinel [J]. J. Appl. Cryst , 1999, 32: 290 ~ 295.

[22] Lewis L H, Moodenbaugh A R, Welch D O, Panchanathan V. Stress, strain and technical magnetic properties in "exchange – spring" $Nd_2Fe_{14}B + \alpha Fe$ nanocomposite magnets [J]. J. Phys. D: Appl. Phys. 2001, 34: 744 ~ 751.

[23] Kuji T, Matsumura Y, Uchida H, Aizawa T. Hydrogen absorption of nanocrystalline palladium [J]. Journal of Alloys and Compounds, 330: 718 ~ 722, JAN 17, 2002.

[24] Koida T, Chichibu S F, Uedono A, Sota T, Tsukazaki A, Kawasaki M. Radiative and nonradiative excitonic transitions in nonpolar (11 – 20) and polar (000 – 1) and (0001) ZnO epilayers [J]. Applied Physics Letters, 2004, 84: 1079 ~ 1081.

[25] Uesugi – Saitow Y, Yata M. Influence of External Stress on Surface Reaction Dynamics [J]. Phys. Rev. Lett. , 2002, 88: 256104.

[26] Dunham S T, Diebel M, Ahn C, et al. Calculations of effect of anisotropic stress/strain on dopant diffusion in silicon under equilibrium and non – equilibrium conditions [J]. J. Vac. Sci. Technol. B , 2006, 24, 1: 456 ~ 461.

[27] Tadić M, Peeters F M, Janssens K L. Effect of isotropic versus anisotropic elasticity on the electronic structure of cylindrical InP/In [J]. Physical Review. B, Condensed Matter, 2002, 65 (16): 165333.

[28] Oikawa K, Kamiyama T, Izumi F, et al. Neutron and X – Ray Powder Diffraction Studies of $LiMn_{2-y}Cr_yO_4$ [J]. Journal of Solid State Chemistry, 1999, 146: 322 ~ 328.

[29] Neuberger M, et al. Silicon [M]. Hughes aircraft company, 1969.

[30] Yicai Sun. Elastic Calculation of Stresses in Rings Using Airy tress Function, Acta Mechanic Solida Siniac, 2011, 24: 95 ~ 106.

[31] Sun Yicai, Shi Junsheng, Meng Qinghao. Measurement of sheet resistance of cross micro areas using a modified Vander Pauw method. Semiconductor Sci & Tech. , 1996, 11: 805 ~ 813.

[32] 孙以材, 张林在. 用改进的 Van der Pauw 法测定方形微区的方块电阻 [J]. 物理学报, 1994, 43 (4): 530 ~ 539.

[33] 孙以材, 石俊生. 在矩形样品中 Rymazewski 公式适用条件的分析 [J]. 物理学报, 1995, 441 (12): 1869 ~ 1878.

[34] 刘鸿文. 材料力学 [M]. 第 3 版下册. 北京: 高等教育出版社, 1992.

[35] 冯端. 位错的弹性理论 (晶体缺陷和金属强度) [M]. 北京: 科学出版社, 1965.

[36] 近藤次郎. 数学モラル [M]. 丸善株式会社, 1976.

[37] 黄义. 弹性力学基础及有限单元法 [M]. 北京：冶金工业出版社，1982.

[38] 徐泰然. MEMS 和微系统设计与制造 [M]. 王晓浩，等译. 北京：机械工业出版社，2004.

[39] 王福，等. 单片微机测控系统设计大全 [M]. 北京：航空航天大学出版社，1998.

[40] 孙以材. 半导体测试技术 [M]. 北京：冶金工业出版社，1984.

[41] 孙以材，刘玉岭，孟庆浩. 压力传感器的设计制造与应用 [M]. 北京：冶金工业出版社，2000.

[42] 孙以材，庞冬青. 微电子机械加工（MEMS）技术基础 [M]. 北京：冶金工业出版社，2009.

[43] 孙以材，刘新福，孟庆浩. 传感器非线性信号的智能处理与融合 [M]. 北京：冶金工业出版社，2010.

[44] 孙以材，汪鹏，孟庆浩. 电阻率测试理论与实践 [M]. 北京：冶金工业出版社，2011.

[45] 孙以材，范贻明. 半导体技术中计算机仿真与辅助设计 [M]. 天津：信息杂志社，1988.

[46] 张俊杰，王苏程，吴尔冬，等，X 射线衍射法测定加载条件下镍基单晶高温合金的表面应力状态 [J]. 金属学报，2007，43（11）：1161 ~ 1165.

[47] 尹福炎. 电阻应变计在传感技术中的应用 [J]. 传感器世界，1999，5（3）：11 ~ 19.

[48] 肖敬勋，孙以材，杨庆新. 压力传感器的计算机辅助设计 [J]. 半导体杂志，1994，19（1）.

[49] 李晔辰，孙承松. ANSYS 在硅岛膜设计中的应用 [J]. 传感器世界，2002，8（11）：26 ~ 28.

[50] 耿青涛，孙以材，王云彩. 压力传感器的热模拟 [J]. 传感器世界，2008，14（1）：17 ~ 20.

[51] 王云彩，孙以材. 基于 AlN 绝缘的高温多晶硅压力传感器的设计 [J]. 传感器世界，2008，14（1）：21 ~ 25.

[52] 田义，孙以材. 圆环力传感器应力分布的研究（综述）[J]. 传感器世界，2008，14（7）：33 ~ 37.

[53] 岳红月，田义，张明兰，孙以材. 圆环力传感器中应力分布规律研究 [J]. 传感器世界，2010，16（7）：6 ~ 9.

[54] 孙以材，刘江，王志欣，李宏中. 用于疲劳试验的拉、压力传感器及其电路系统 [J]. 自动化仪表，2002，23（4）：7 ~ 10.

[55] 克鲁格 H P，亚历山大 L E. X 射线衍射技术 [M]. 北京：冶金工业出版社，1986.

[56] 黄华, 郭灵虹. 晶态聚合物结构的 X 射线分析及其进展 [J]. 化学研究与应用, 1998, 10 (2): 118 ~123.

[57] 屈晓田. X 射线衍射物相分析的一种简单方法 [J]. 山西大学学报, 1998, 21 (2): 132 ~136.

[58] 刘江, 孙以材, 王志欣, 等. 计数式测力计打印记录系统软硬件 [J]. 半导体技术, 2001, 26 (12): 54 ~57.

[59] 孙以材, 李宏中, 李俊林, 等. 轿车门二限位器疲劳试验平台 [J]. 天津汽车, 2003 (1): 13 ~16.

[60] 孙以材, 赵彦晓, 田立强, 等. 靠弹簧压紧的滑动体牵引力与摩擦面形状关系研究 [J]. 天津汽车, 2004 (4): 20 ~23.

[61] 赵秋, 刘国香, 孙以材. 一种扭矩传感器的无线数据传输系 [J]. 传感器与仪器仪表, 2006, 1: 461 ~463.

[62] Andrey S, Ryzhikov, Anatoly N, Shatokhin. Hydrogen sensitivity of SnO_2 thin films doped with Pt by laser ablation [J]. Sensor and Actuators B107 (2005): 387 ~391.

[63] Sergiu T Shishiyanu, Teodor S Shishiyanu. Sensing characteristics of tin – doped ZnO thin films as NO_2 gas sensor [J]. Sens. & Actuat. , 2005, B107: 379 ~386.

[64] 邱美艳, 孙以材, 潘国峰, 等. ZnO 薄膜的丙酮气敏特性研究 [J]. 电子元件与材料, 2007, 5: 46 ~52.

[65] 邱美艳, 杜鹏, 孙以材, 等. 掺 TiO_2 的 ZnO 薄膜气敏特性研究 [J]. 电子器件, 2007, 2: 37 ~45.

[66] Bhooloka Rao B. Zinc oxide ceramic semi – conductor gas sensor for ethanol vapour [J]. Materials Chemistry and Physics, 2000, 64: 62 ~65.

[67] 白振华, 潘国峰, 孙以材, 等. 掺 Pt 的 SnO_2 薄膜气敏特性研究 [J]. 传感器世界, 2008, 3: 14 ~18.

[68] 潘国峰, 何平, 孙以材, 等. ZnO 薄膜制备及其有机蒸汽敏感特性分析 [J]. 河北工业大学学报, 2006, 10: 23 ~27.

[69] Sharma P, Sreenivas K, Rao K V. Analysis of ultraviolet photoconductivity in ZnO films prepared by unbalanced magnetron sputtering [J]. Journal of Applied Physics, 2003, V93 (7): 3963 ~3970.

[70] 潘国峰, 何平, 孙以材, 等. 退火温度对纳米 TiO_2 薄膜的乙醇气敏特性的影响 [J]. 材料科学与工程学报 (英), 2007, 6: 965 ~968.

[71] Kim D, Rothschild A, Lee B H, et al. Ultrasensitive chemiresistors based on electrospun TiO_2 nano fibers [J]. Nano Lett, 2006, (6): 9.

[72] 许明, 孙以材, 潘国峰, 等. TiO_2 薄膜制备及其气敏特性 [J]. 传感器世界, 2009, 2: 15 ~19.

[73] Radecka M , Zakrzewska K, Rekas M. SnO$_2$ – TiO$_2$ solid solution for gas sensors [J]. Sensors and Actuators B , 1998 , 47：94.

[74] 戴振清，孙以材，潘国峰，等. TiO$_2$ 薄膜制备及其氧敏特性 [J]. 半导体学报, 2005, 2：324~327.

[75] 李宏力. ZnO 薄膜加速度传感器的研制 [D]. 天津：河北工业大学, 2011, 3.

[76] 井叶之，潘国峰，孙以材. 力学量传感器的衬底制备，专利号 ZL 2006, 10013089, 0.

冶金工业出版社部分图书推荐